高砷烟尘湿法处理理论及工艺研究

Fundamental and Technological Study of High-arsenic Dust by Hydrometallurgical Processes

郭学益　田庆华　易宇　著

北京
冶金工业出版社
2016

内 容 提 要

本书介绍了砷、锑、铟的性质、用途及处理方法，并针对脆硫铅锑矿火法冶炼过程中产出的高砷烟尘的特点，详细论述了选择性浸出脱砷、浸出液中砷的回收和浸出渣综合回收锑铟的基础理论及实验研究结果。本书通过具体实例较为详细地阐述了热力学及动力学研究、工艺参数优化等方面的实验设计和数据处理方法。

本书可供从事有色金属冶金领域尤其是二次资源循环再生领域的科研、工程技术人员阅读，也可供高等院校相关专业师生参考。

图书在版编目(CIP)数据

高砷烟尘湿法处理理论及工艺研究/郭学益，田庆华，易宇著．—北京：冶金工业出版社，2016.12

ISBN 978-7-5024-7385-3

Ⅰ.①高…　Ⅱ.①郭…　②田…　③易…　Ⅲ.①砷—有色金属冶金—湿法冶金—烟尘治理—研究　Ⅳ.①TF803.2

中国版本图书馆 CIP 数据核字(2016) 第 272679 号

出 版 人　谭学余
地　　址　北京市东城区嵩祝院北巷 39 号　邮编　100009　电话　(010)64027926
网　　址　www.cnmip.com.cn　电子信箱　yjcbs@cnmip.com.cn
责任编辑　唐晶晶　张熙莹　美术编辑　吕欣童　版式设计　彭子赫
责任校对　卿文春　责任印制　牛晓波
ISBN 978-7-5024-7385-3
冶金工业出版社出版发行；各地新华书店经销；固安华明印业有限公司印刷
2016 年 12 月第 1 版，2016 年 12 月第 1 次印刷
169mm×239mm；10.5 印张；202 千字；156 页
43.00 元

冶金工业出版社　投稿电话　(010)64027932　投稿信箱　tougao@cnmip.com.cn
冶金工业出版社营销中心　电话　(010)64044283　传真　(010)64027893
冶金书店　地址　北京市东四西大街 46 号(100010)　电话　(010)65289081(兼传真)
冶金工业出版社天猫旗舰店　yjgycbs.tmall.com
（本书如有印装质量问题，本社营销中心负责退换）

前　言

砷在自然界的分布很广，其丰度位于所有元素的第20位，且大多与有色金属矿物共生或者伴生在一起，目前已经查明的含砷矿物达300多种。随着有色金属矿石的大量开采和冶炼，大量的砷从地壳中进入人类环境中。

在有色金属冶炼过程中，精矿中的砷大部分挥发进入烟气，在高温炉气中与铅、锑、锌等元素碰撞吸附而生成砷酸盐或亚砷酸盐，形成粒度微细、价态和成分复杂的高砷烟尘，最后在收尘系统被收集。高砷烟尘中除砷之外还含有大量的铅、锌、锑、锡和铟等有价金属，具有较高的经济价值。由于高砷烟尘的成分复杂且砷含量较高，随着现有环保要求越来越严格，对其进行安全处理并回收有价金属变得越来越困难，国内大多数冶炼厂都对高砷烟尘采取堆存方式暂缓处理。高砷烟尘在堆场存放时，雨水冲刷、溶浸、微生物作用等会促使砷渣溶解于水中，容易造成二次污染。砷污染对生态造成严重破坏，对环境造成严重污染，对人类健康构成严重危害，开展高砷烟尘的综合处理成为资源综合利用领域的研究热点。

作者及研究团队一直致力于有色金属复杂资源综合回收利用教学、科研和产业实践工作，对含砷二次资源循环利用有着深刻的认识和深切的体会。近年来，研究团队在高砷烟尘中有价金属提取方面开展了系列研究工作，主要是针对脆硫铅锑矿火法冶炼过程中产生的高砷烟尘开发适应性技术，以实现砷及锑、铟等有价金属的高效选择性提取和铅、锡资源的综合回收。为了总结经验，促进交流，作者将在高砷烟尘处理方面的最新研究成果归纳整理成书。本书共分七章，简要介绍了砷、锑、铟的性质与用途以及含砷物料、含锑物料、含铟物料的处理工艺，详细论述了选择性浸出脱砷、浸出液中砷的回收和浸出渣综合回收锑铟的基础理论及实验研究结果。本书力求理论与工艺相结合，对高砷烟尘处理的基本原理进行了系统介绍，同时重点突出了实验设计和工艺研究。

本书是作者及研究团队集体研究成果的总结。研究团队成员李栋老师、石靖、张磊和张镇等研究生协助开展了大量研究工作，为相关实验开展和研究成果报告成稿作出了重要贡献；广西科技攻关计划和湖南省环保科技专项为本书研究提供了资助，在此一并表示感谢。由于作者水平所限，书中不妥之处，敬请广大读者批评指正。

作　者
2016 年 8 月

目　　录

1 概　　述

1.1 砷、锑、铟的性质与用途

1.1.1 砷的性质与用途

1.1.1.1 砷的性质[1,2]

砷的化学符号为As，其英文名为arsenic，在元素周期表中位于第4周期的V_A族，原子序数为33，相对原子质量为74.9216。公元4世纪前半叶，中国炼丹家、古药学家葛洪采用硝石、猪油、松树脂与雄黄共同加热制得三氧化二砷和砷的混合物。但西方化学史学家们一致认为从砷化合物中分离出单质砷的是13世纪德国炼金家阿尔伯特·冯·布尔斯塔德。

单质砷的熔点为817℃（2.8MPa，即28atm下），将单质砷加热至613℃，单质砷即直接升华成具有难闻的大蒜臭味的砷蒸气。常见的砷的化合价主要为-3、+3和+5，单质砷在干燥的空气中很稳定，不会发生化学反应，但是在潮湿的空气会被缓慢氧化；单质砷在碱液、非氧化性酸和水中可以稳定存在，但是在浓硫酸和硝酸或者有氧化剂存在的情况下将会被氧化。在高温下砷能与大部分金属发生反应而生成多种化学计量比和结构复杂的金属间化合物。

单质砷有灰砷、黄砷和黑砷等3种同素异形体，常温下最稳定的是灰砷，灰砷的密度为7.73g/cm^3，在空气中很难被氧化且具有金属性，还具有传热及导电的特性；黄砷的密度为2.03g/cm^3，将砷蒸气快速冷却即可获得淡黄色的晶体黄砷，黄砷很不稳定，在光照下即快速转化为灰砷，暴露在空气中即被氧化为As_4O_6。黑砷的密度为4.79g/cm^3，将砷蒸气缓慢冷却或者将砷化氢气体加热即可以获得无定形的黑砷，将黑砷加热至285℃时即转化为灰砷。

砷元素在自然界中分布比较广泛，砷在地壳中主要以硫化物的形式存在，也有少量以氧化物和单质的形式存在。常见的含砷矿物有：雌黄、雄黄、砷黄铁矿、硫砷黄铁矿、白砷矿、砷铁矿、砷硫铜矿、辉砷镍矿、砷镍矿、红砷镍矿、毒石等。

1.1.1.2 砷的用途

砷以其独特的物理化学性质，曾被广泛应用于冶金、化工、农药、玻璃、医药、皮革、电子等行业，但是由于砷化合物对人体有毒性，随着人类对砷看法的改变和环保标准的提高，砷在各行业的应用逐渐受到限制，使得砷出现供大于求的局面。

以砷为主要成分的铬砷酸铜（CCA）曾经是一种被广泛使用的木材防腐剂，在20世纪，全球产出的砷有一半以上被用于生产木材防腐剂。但是，对于CCA的使用一直以来都存在很大的争议，不少研究机构和学者认为CCA的使用对人类的健康存在风险。目前，很多国家都开始禁止使用含砷木材防腐剂，导致砷的消费市场急剧萎缩[3,4]。

在玻璃生产过程中，通过加入适量的As_2O_3和$NaNO_3$可以实现玻璃熔融体的澄清和脱色，从而提高玻璃的透明度和均匀性。随着社会的发展，在民用玻璃制品生产过程中含砷玻璃澄清剂已经很少被使用了。但是，在某些特种玻璃制品生产过程中砷还是有所使用，如As-S-Fe系的硫砷玻璃常被用于光学镜头的增透膜、具有良好的光电性和抗蚀性的含砷半导体玻璃[5]。

大多数的砷化合物都具有较高的毒性，长久以来一直被用于生产制造杀虫剂和除菌剂。含砷农药因为对人类和牲畜有害，已经基本上被限制使用甚至被禁止使用，目前仅有少数几种高效低毒的含砷农药用于对某些特定病虫害进行防治[6]。

在锌湿法冶金中经常使用砷盐除硫酸锌溶液中的微量钴。在某些合金生产过程中添加适量的砷可以改善合金的物理化学性质，提高合金的性能。如在黄铜合金中添加适量砷可提高其抗海水的腐蚀能力，在铅锑合金中添加适量砷可提高其力学性能。因此很多合金中都被添加了适量砷用于生产铅制弹丸、印刷合金、黄铜（冷凝器用）、蓄电池栅板、耐磨合金、高强度结构钢和耐腐蚀特种钢等[7,8]。

在我国唐朝时期，一代名医孙思邈就采用As_2O_3治疗疟疾。在现代，采用砷的化合物生产制造的医药制品在临床上可用于肿瘤的治疗，如用As_2O_3制造的药物在治疗急性早幼粒细胞白血病（APL）上具有良好的疗效，并且对宫颈癌、肝癌、胃癌、食管癌、结肠癌、卵巢癌、乳腺癌细胞等均有明显的生长抑制及诱导凋亡作用[9]。99.999%及其以上纯度的高纯单质常用于制备砷化镓、砷化铟等半导体材料，也常常作为锗和硅系半导体材料的掺杂元素，这些含砷半导体材料被广泛应用于发光二极管、红外线发射器、激光器等产品的生产[10]。

1.1.1.3 砷的毒性

单质砷的化学性质比较稳定，因此其毒性很低；而砷的化合物都具有不同程度的毒性，且砷的化合物基本上都属于原生质毒物，对人类的危害性极大，内服0.1g As_2O_3（砒霜）可以致人死亡。不同形态的砷所具有的毒性及其对人体的毒害性是不同的，其毒性从大到小依次为AsH_3、As(Ⅲ)、As(Ⅴ)、甲基胂

（MMA）、二甲基胂（DMA）、砷甜菜碱（AB）和砷胆碱（AC）。显而易见，AsH_3在砷的化合物中属于毒性最强的；研究表明三价砷的毒性是五价砷的六十多倍[11]。

砷对人体健康的危害很严重，可导致人体多个器官发生功能和器质性病变，情况严重者还可能导致癌变。砷主要通过呼吸道、消化道和皮肤吸收进入人体内，广泛分布在人体内部的各个器官并在肝、肾、脾、子宫、骨骼、肌肉乃至毛发、指甲中积累，其中以毛发（0.46mg/kg）、指甲（0.28mg/kg）、皮肤（0.08mg/kg）含量最高。大量的研究调查表明饮用水中含砷0.2～1.0mg/L就可能引起慢性砷中毒，长期饮用将导致皮肤癌、肺癌和膀胱癌等癌症发生的危险性明显增高。此外，长期暴露于含砷的空气、水体中将导致人体产生一些非致癌性的疾病，包括皮肤色素沉着、皮肤角化及黑病变之类的皮肤病变，以及细血管疾病、神经错乱和第二类糖尿病等疾病[12]。

1.1.2 锑的性质与用途

1.1.2.1 锑的性质

锑的化学符号为Sb，其英文名为antimony，在元素周期表中位于第5周期的V_A族，原子序数为51，相对原子质量为121.75。金属锑的密度为6.689g/cm^3，熔点和沸点分别为630℃和1635℃。

单质锑主要有灰锑、黑锑、黄锑、爆锑等4种同素异形体，常温下稳定存在的是灰锑，灰锑的外表面呈现银白色金属光泽，断面呈现紫蓝色金属光泽，延展性很差，不易加工。将金属锑蒸气快速冷却可以得到无定形的黑色粉末状黑锑。黑锑在空气中不稳定，室温下就会被氧化甚至自燃，将黑锑加热至400℃即迅速转化为灰锑。黄锑只有在－90℃以下才能稳定存在，当温度升高至－50℃以上时，黄锑迅速转化为灰锑。在$SbCl_3$水溶液电积过程中有时候会产生爆锑，爆锑表面光滑柔软，用硬物轻轻敲击、摩擦、受热时很容易发生爆炸[13]。

常见的锑的化合价主要为－3、＋3和＋5，单质锑比较稳定，常温下长时间暴露于潮湿的空气中，也不会发生化学反应；在碱液、非氧化性酸和水中可以稳定存在，但是在浓硫酸和硝酸或者有氧化剂存在的情况下将会被氧化。锑属于亲硫元素，同时有一定的亲氧性，具有两性元素的特征。自然界中锑主要形成硫化物，少数形成氧化物和含硫盐类[14]。

1.1.2.2 锑的用途

锑及锑系化合物被广泛应用于阻燃剂、铅酸蓄电池、澄清剂、半导体、焊料和轴承等领域，锑属于重要的战略金属之一[15]。

全球锑产量的70%以上用于生产阻燃剂，锑系化合物与卤化物、氢氧化镁和氢氧化铝等合成的阻燃剂可以阻止燃烧反应的进行，防止明火的蔓延，被广泛用于电缆、电子产品、塑料等产品中。铅锑合金制造的极板可以有效改善电极的性能，增加铅酸蓄电池的寿命。添加适量锑生产的铜基合金、铅基合金和锡基合金中可以有效提高合金的硬度，改善合金的耐磨性能和机械强度。氧化锑和焦锑酸钠可以代替氧化砷作为玻璃生产过程中的澄清剂和脱色剂[16~19]。

高纯锑及高纯锑系化合物可以用于生产半导体材料，还可以作为锗和硅系半导体材料的掺杂元素[20]。

1.1.3 铟的性质与用途

1.1.3.1 铟的性质

铟的化学符号为In，其英文名为indium，位于元素周期表的第5周期的$Ⅲ_A$族，原子序数为49，相对原子质量为114.818。金属铟的密度为7.28~7.36g/cm^3，熔点和沸点分别为156.61℃和2080℃。金属铟的外观呈现银白色的金属光泽，因其质地很软所以铟的延展性和可塑性很好，铟的超导性能、耐磨性能和润滑性能都很优良[21,22]。

常温下金属铟长时间暴露在空气中不会被氧化，但是熔融状态的铟会被空气缓慢氧化成In_2O_3。常见的铟的化合价主要为+1、+2和+3，在水溶液中稳定存在的主要是三价铟。金属铟可溶于硫酸、盐酸和硝酸中，不溶于碱液中。在加热的情况下，金属铟可以与卤素、硫、磷、砷、锑、硒等发生反应；金属铟可以与氢和氮发生反应生成氢化物和氮化物。金属铟可以与大多数金属发生反应形成合金并增强合金的强度、硬度和抗腐蚀能力[23]。

铟在地壳中的含量比较低且几乎没有独立成矿，绝大部分的铟主要以伴生的形式分散于铅和锌的矿物中，目前工业生产中铟的提取主要从铅锌冶炼副产品中回收[24]。

1.1.3.2 铟的用途

金属铟及铟系化合物具有独特的物理、化学性质，以及优良的光电、力学和电子性能，近年来在军事、航空航天、电子计算机、半导体材料、核工业等领域的应用越来越广泛[25]。

铟锡氧化物薄膜具有优良的导电性和刻蚀性，且透明度高，被大量用在液晶显示器、薄膜晶体管等产品中，还可以用于太阳能电池、透明表面发热器、挡风玻璃去雾剂和防冻剂等。含铟半导体化合物具有电阻率低、禁带宽度窄和电子迁移率高等特点，铟常用作半导体材料的掺杂剂和接触剂，锑化铟、砷化铟、磷化铟和锡铟铜薄膜等常用于红外感应与探测、光磁器械配件、太阳能电池等[26]。

铟基合金具有优异的耐磨性能、耐腐蚀性能和机械加工性能，常用于控制仪表、检测辐射仪及红外仪等的涂层。铟基焊料常用于电子、低温物理和真空系统中的玻璃之间或者玻璃金属之间的焊接。铟还可以作为核工业中测定核反应堆中中子流及其能量的指示剂[27]。

1.2 含砷物料处理现状

砷在自然界的分布很广泛，砷在地壳中的含量为2~5mg/kg，其丰度位于所有元素的第20位且砷大多与有色金属矿物共生或者伴生在一起。随着有色金属矿石的大量开采和冶炼，大量的砷从地壳中进入人类环境中。

针对含砷物料中砷的脱除问题，国内外学者开展了一系列卓有成效的研究，主要分为火法焙烧脱砷、湿法浸出脱砷和火法—湿法联合工艺。

1.2.1 火法焙烧脱砷

火法焙烧脱砷主要是在高温下使含砷物料中的砷以三氧化二砷的形态挥发，使其与其他有价金属分离，再通过冷凝收尘得到粗制三氧化二砷产品[28~30]。火法焙烧脱砷工艺适合于原料中砷含量较高且不含其他易挥发物质的材料。

陈世民等人[31]采用硫酸焙烧法处理高砷次氧化锌，工业实验的条件为：次氧化锌∶硫酸=1∶0.91、焙烧时间为5h、焙烧温度为450~550℃，砷的脱除率大于90%，铅、锌、银几乎不挥发，焙砂中的砷小于0.5%。

含砷物料中砷的赋存状态各异，不尽相同，因此针对不同的含砷物料需要选择相应的焙烧气氛[32~34]。梁勇等人[35]针对铜闪速炉烟灰分别开展了氧化焙烧和还原焙烧脱砷的研究，研究结果表明还原气氛焙烧脱砷率大于80%，远高于氧化气氛焙烧的脱砷率（小于40%）。吴俊升等人[36]针对难处理的高砷铅阳极泥开展了水蒸气焙烧脱砷的实验研究，研究结果表明在有水蒸气存在的弱氧化气氛焙烧脱砷率为87%，远远高于直接在空气气氛下焙烧的30%的脱砷率。不同气氛下焙烧脱砷率差距这么多的原因是：高砷铅阳极泥中的$Pb_8OCl_6(As_2O_5)_2$和$PbHAsO_4$在空气气氛下大部分转化为$Pb_2As_2O_5$而仅有少量转化为As_2O_3，相对As_2O_3来说，$Pb_2As_2O_5$很难被挥发从而导致大量的砷残留在焙砂中；但是在有水蒸气存在的情况下，$Pb_8OCl_6(As_2O_5)_2$和$PbHAsO_4$被分解为易挥发的As_2O_3。

B. A. 鲁甘诺夫等人[37]采用氧化—硫化焙烧法处理高砷含金和含铜精矿，研究结果表明，通过添加硫化剂在弱氧化性气氛下焙烧，精矿中的FeAsS分解为易挥发的低毒性的硫砷化合物进入烟气，精矿中砷的脱除率在85%以上，焙砂中含砷0.1%，可以采用现有熔炼工艺来处理焙砂。

陈枫等人[38]针对粗锡火法精炼过程中产出的砷铁渣开展了真空蒸馏法脱砷研究，研究结果表明，在真空度为13.3~66.7Pa，控制温度在1140~1240℃之间蒸馏30~60min可以脱除87%以上的砷，残渣中砷含量低于2%。

焙烧脱砷具有成本低、流程短、工艺简单和处理规模大等特点，但也存在脱砷率较低、投资大、原料适用范围小、作业环境较差及对大气污染严重等缺点，且得到的三氧化二砷产品纯度较低，还需要进一步处理，因此限制了火法焙烧脱砷的应用[39,40]。

1.2.2 湿法浸出脱砷

湿法浸出脱砷主要是指使用适当的浸出剂浸取含砷物料，使砷从固相转移进入浸出液中，按照浸出剂的类型一般可以分为热水浸出[41]、酸浸脱砷[42]和碱浸脱砷[43]；后续从浸出液中分离富集砷的方法一般有蒸发浓缩结晶[44]、石灰沉淀法[45]、铁盐沉淀法[46]、硫化钠沉淀法[47]和吸附法[48]等。与火法焙烧脱砷相比，湿法浸出脱砷具有脱砷率高、环境污染较轻、适用范围广、能耗较低等优点，且在浸出液的后续处理过程中还可以直接制备不同的砷系列产品[49]，但也存在浸出液的处理流程较长、工序比较繁琐、工业废水处理困难等缺点。

1.2.2.1 含砷物料中砷的浸出

戴学瑜[50]针对锡火法冶炼过程产生的高砷烟尘开展了热水浸出制备 As_2O_3 的研究，研究结果表明采用沸水浸出—浸出液净化—活性炭脱色—蒸发结晶—低温干燥工艺，不仅可以提高 As_2O_3 产品的质量，而且还可以有效地避免火法制备 As_2O_3 产品所带来的环境污染问题。覃用宁等人[51]针对朝鲜某冶炼厂的转炉吹炼管道尘和沸腾炉烟气洗水尘开发了热水浸出—浸出液活性炭脱色—浓缩结晶—洗涤干燥工艺，砷的浸出率可以达到80%以上。柏宏明[52]针对锡冶炼过程的高砷烟尘采用水浸脱砷工艺，在浸出温度为85℃、浸出时间为1.5h、浸出液固质量比为10:1 的优化实验条件下，高砷烟尘中砷的脱除率达到93%以上，而锡几乎全部被抑制在浸出渣中。蒋学先等人[53]利用 As_2O_5 在水中的溶解度大于 As_2O_3 的溶解度的特点，采用 H_2O_2 将高砷锑烟尘中的砷氧化为五价然后用水浸出，实现了砷锑的有效分离，浸出渣中砷的含量可以降低至4%以下。

汤海波等人[54]针对铅火法冶炼过程的高砷烟尘开展了酸性氧化浸出脱砷研究，实验结果表明，在pH值为2.0、浸出温度为80℃、浸出时间为105min、液固比为10:1 和 H_2O_2 用量每克烟灰为1.75mg 的优化条件下，砷、锌浸出率分别达到78.5%和85.42%。云南铜业集团有限公司[55]采用硫酸浸出—电积脱铜—蒸发浓缩—冷却结晶脱锌—脱砷剂沉砷的工艺处理艾萨炉高砷烟尘，实现了艾萨炉高砷烟尘中铜、锌及砷等的综合回收利用。陈维平等人[56]采用浓硫酸处理硫化砷渣，砷的脱除率可以达到95%以上。丘克强等人[57]针对铜冶炼闪速炉烟尘开展了废酸氧化处理工艺，研究结果表明：通过氧化浸出，闪速炉烟尘中的砷脱除率可以达到92%以上。郭学益等人[58]采用硝酸处理砷化镓工业废料，浸出液杂质含量低，通过后续深加工制备高纯砷和高纯镓。李岚等人[59]采用硫酸加压氧化浸出法处理硫化砷渣，加压氧浸将置换和氧化融合在一个反应过程中，既加快了浸出速率又提高了砷的浸出率。

郑雅杰等人[60]针对硫化砷渣开展了氢氧化钠溶液选择性浸出脱砷的研究，研究结果表明，在 NaOH 用量为 7.2 倍 As_2S_3物质的量、液固比为6:1、浸出温度为90℃和浸出时间为2h 的条件下，砷的脱除率可以达到95%以上。刘湛等人[61]针对高砷阳极泥开发了“碱浸脱砷—硫化钠沉砷—沉砷后液返回碱浸”的循环浸出脱砷工艺，高砷阳极泥中砷的脱除率可以达到95%以上。Liu 等人[62]开发含砷次氧化锌混碱（$Na_2S + NaOH$）脱砷工艺，在最佳条件下，砷的脱除率可以达到95.5%以上。W. Tongamp 等[63,64]采用 NaOH-NaHS 混合溶液对硫砷铜精矿进行预处理，研究结果表明，在最佳条件下砷的脱除率可以达到 99% 以上。张子岩等人[65]针对含钴高砷铁渣开发了氢氧化钠选择性浸出脱砷工艺，在最优条件下砷的脱除率可以达到 95%，而钴和铁以氢氧化物的形式全部进入浸出渣中。易宇等人[66]采用氢氧化钠-硫化钠体系处理脆硫铅锑矿火法冶炼烟尘，砷的浸出率可以达到92%以上，浸出渣中的砷含量低于0.5%。

贵溪冶炼厂从日本引进了硫酸铜置换法[67~70]用于处理硫化砷渣生产 As_2O_3产品，实际运行表明该工艺处理效果较好，可以制备纯度达到99%以上的 As_2O_3产品，但也存在流程复杂和铜消耗量大的缺点。董四禄[71]和水志良等人[72]采用常压硫酸高铁法处理硫化砷渣，均取得了较为理想的砷脱除率。

1.2.2.2 浸出液中砷的回收

杨天足等人[73]采用冷却结晶法从铅阳极泥碱性浸出液中回收砷酸钠，砷酸钠结晶中砷含量为18.71%，产品的纯度达到96.7%。陈亚等人[74]采用冷冻结晶法将铜熔炼白烟灰硫酸浸出渣碱性浸出液冷冻至 0 ~ 10℃得到砷酸钠产品。王玉棉等人[75]采用浓缩结晶法对黑铜泥碱浸液进行处理得到砷酸钠产品。周红华等人[76]采用氧化—过滤—浓缩结晶法对高砷高锑烟灰 Na_2S-NaOH 混碱浸出液进行处理，分别得到锑酸钠和砷酸钠产品。

肖若珀等人[77]采用“热水浸出—浸出液净化—活性炭脱色—浓缩结晶”处理含锡高砷烟尘成功制备纯度在 99% 以上的 As_2O_3产品。张雷[78]采用“水浸—溶液脱色—溶液真空蒸发—As_2O_3 晶体—晶体洗涤除杂—干燥包装”的方法生产 As_2O_3 产品纯度达到 99.05%。金哲男等人[79]针对火法炼锑过程的砷碱渣开发了“热水浸出—氧化钙沉砷—硫酸溶解—SO_2还原”的工艺制备出纯度达到95%以上的 As_2O_3产品。王玉棉等人[80]采用“酸性浸出—蒸发结晶分离 Cu-SO_2还原”的工艺处理黑铜泥成功制备得到硫酸铜和 As_2O_3产品。

唐谟堂等人[81,82]针对铜火法转炉烟尘及含砷烟尘开发了 CR 法工艺成功制备

了 $Cu_3(AsO_4)_2 \cdot 5H_2O$。陈白珍等人[83]采用酸性氧化浸出、中和脱杂及砷酸铜沉淀工艺处理黑铜渣制备了砷酸铜。李倩等人[84]采用氧化碱浸—沉淀的工艺处理硫化砷废渣制备了纯度达到 87.2% 砷酸铜。曾平生等人[85]采用“两段酸浸—双氧水氧化—硫化钠沉锌—制备砷酸铜”的方法处理次氧化锌制备了可用于木材防腐的砷酸铜。

1.2.3 火法—湿法联合工艺

火法—湿法联合工艺[86]主要是指采用纯碱/烧碱焙烧然后水浸脱砷，再从浸出液中回收砷酸钠，该生产工艺有效地解决了火法焙烧挥发脱砷过程中含砷烟尘收集不彻底而导致的污染问题，同时可以提高砷的选择性脱除率。但是该工艺也存在生产能耗较高、纯碱/烧碱消耗量大等问题。

朱昌洛等人[87]采用碳酸钠焙烧—常压水浸的工艺处理砷冰铜，研究结果表明，砷的脱除率可以达到 97% 以上，而铜镍钴则几乎全部被抑制在浸出渣。吴继梅[88]针对高砷铅阳极泥开发了苏打焙烧—水浸脱砷工艺，在苏打与阳极泥的质量比为 0.9，焙烧温度为 720℃ 和焙烧时间为 2h 的优化条件下，阳极泥中砷的脱除率可以达到 99% 以上。吴国元[89]采用氢氧化钠焙烧—水浸工艺处理高砷物料，在氧氧化钠与高砷物料的质量比为 1，焙烧温度为 650 ~ 700℃ 和添加剂用量为 1% 的条件下，砷的脱除率可以达到 92% 以上，浸出渣中砷的含量低于 1%。

1.3 含锑物料处理现状

含锑物料中锑的回收工艺主要分为两类：以直接还原沉淀熔炼和挥发—还原熔炼为主的火法提锑；以碱性硫化钠浸出和酸性氯化浸出为主的湿法提锑[90]。除此之外，科研工作者还开发了电氯化水解法、直接熔炼—氢还原法和矿浆电解法等[91 ~ 93]。

1.3.1 火法提锑

在早期的火法炼锑中，铁因其廉价易得而被作为还原剂和置换剂用于从硫化锑精矿中生产金属锑，在生产过程中经常添加适量的碳酸钠或硫酸钠促进金属锑与渣的分离[94]。对于中等品位的硫化锑氧化锑混合物料可以在弱还原性气氛下直接熔炼而得到金属锑[95]。在有碳质还原剂存在的情况下，将硫化锑精矿和氢氧化钠或者碳酸钠一起熔炼，有 85% ~ 90% 的硫化锑转化为金属锑；如果使用硫酸钠替代氢氧化钠熔炼硫化锑精矿将得到锑锍，然后加热锑锍使其熔融再进行电解也可以获得金属锑[96,97]。

目前我国锑冶炼厂大多数采用的是鼓风炉挥发熔炼工艺[98]。在熔炼过程中，精矿中的锑以硫化锑的形式直接挥发，然后在烟气中被氧化为氧化锑，最后在冷凝收尘系统中被收集。鼓风炉挥发熔炼工艺要求入炉锑精矿品位在40%以上，否则将导致炉子利用系数降低、能耗增加和生产成本增加等[99,100]。其余被报道的处理硫化锑精矿的工艺有旋涡炉挥发熔炼、悬浮熔炼、直井炉挥发焙烧、回转窑挥发焙烧、沸腾炉挥发焙烧、烧结机挥发焙烧和飘悬焙烧等[97,101]。

对于含氧化锑的物料，将其与适量炭混合后升温至700℃以上进行焙烧，在焙烧过程中Sb_2O_5首先被还原成Sb_2O_3，然后Sb_2O_3从固相中挥发出来进入烟气中，最后在冷凝收尘系统中被回收[102~104]。

丘克强等人[105~107]针对高锑铅阳极泥开发了真空挥发法制备Sb_2O_3工艺，研究结果表明，在真空度为100Pa、挥发时间为2h和挥发温度为750℃的条件下，高锑铅阳极泥中锑的脱除率达到96%，制备的Sb_2O_3产品的纯度为99.73%。张露露等人[108]采用聚乙烯树脂作为还原剂在真空条件下还原挥发高锑铅阳极泥中的锑，实验结果表明，锑的脱除率在98%以上，收集的Sb_2O_3的纯度为99.75%。胡汉祥等人[109]采用“碳还原—真空挥发—冷凝”工艺处理含锑铅阳极泥成功制备得到纳米Sb_2O_3。

1.3.2 湿法提锑

火法处理硫化锑精矿过程经常会产生大量的低浓度SO_2气体，若处理不好就对环境造成污染，有鉴于此，科研工作者们开发了湿法炼锑工艺[110]。大体来说可以分为碱性浸出工艺和酸性浸出工艺两类，主要包括硫化钠浸出、盐酸浸出、氯气选择性浸出、氯盐氯化浸出。从溶液中回收锑的方法有低温干馏、隔膜电积、水解和氢还原等。

硫化钠浸出—硫代亚锑酸钠电积法包括硫化钠浸锑和隔膜电积两个流程，该工艺曾经被部分锑冶炼厂采用从硫化锑精矿中提取金属锑。由于电积过程产生大量硫化钠、硫酸钠和硫代硫酸钠，电解液需要定期处理，且电流效率只有80%，单位电耗最高达到4000kW·h/t，导致该方法目前实际上被停用[111]。针对硫代亚锑酸钠溶液中锑的回收，科研工作者先后研究了氢气还原[112]、甲醛还原[113]和铁铝锌铜等金属还原置换[114]等工艺，因为还存在一些技术问题没有解决导致这些方法暂时都还未实现工业化。

唐谟堂等人[115,116]针对脆硫锑铅矿开发了氯化—干馏法，首先采用$FeCl_3$和盐酸混合试剂浸出精矿，然后利用干馏和精馏得到$SbCl_3$溶液，最后水解得到锑白。在此基础上，唐谟堂等人[117]发展开发了AC氯化—干馏法用于处理高砷高锑多金属复杂锡烟尘。唐谟堂等人[118~122]进一步研发了新氯化—水解法直接制取锑白工艺，通过控制电位选择性氯化浸出，锑以$SbCl_3$的形式进入溶液，而大多数杂质被抑制在浸出渣中，浸出液经还原净化后加水水解，最后通过碱转中和和晶型转变而得到Sb_2O_3产品。

柳巧越等人[123]采用 $FeCl_3$浸出—电积处理辉锑矿提取金属锑，在 $FeCl_3$过量系数为1.2、浓盐酸用量为50g/L、浸出温度95℃、液固比5:1和浸出时间为1h的条件下，锑的浸出率可以达到98.8%；采用阴离子隔膜电积，在电流密度为200A/m²、电解液温度为30～45℃和溶液循环速度为20～30mL/min的条件下，阴极电流效率为99.5%，阳极电流效率为88.7%，单位电耗为1500kW·h/t[124～126]。聂晓军等人[127]采用“低温空气氧化—氯化浸出—水解”工艺处理高锑低银阳极泥成功制备得到含 Sb_2O_3大于99.0%、白度大于90的立方晶型锑白。陈顺[128]采用“硫化钠浸出—H_2O_2氧化”工艺处理高锑砷烟灰成功制备得到水合锑酸钠产品。

1.4 含铟物料处理现状

铟属于稀散金属，在地壳中的含量很低且没有可供独立开采的矿床，自然界中的铟基本上都以伴生的形式存在于有色金属硫化物中，特别是重金属硫化矿，如硫化锌矿、铁闪锌矿、方铅矿、脆硫铅锑矿、锡矿和硫化铜矿等[129]。因此，锌、铅、锑、锡等金属冶炼过程中产出的副产品（如锌浸出渣、锌精馏渣、铜浮渣、含铟烟尘、含铟阳极泥等）成为了提铟的主要原料[130,131]。近年来，废ITO靶材等含铟二次资源也成为提铟的原料[132]。

目前从含铟物料中提取铟的主要流程可以概括为：含铟物料硫酸浸出、浸出液萃取铟、铟反萃液置换和粗铟精炼[133～136]。经过多年的生产实践，铟的萃取、置换和精炼工艺基本上都比较成熟，工艺参数基本上都已经确定[137～139]。因为含铟物料主要来源于重金属冶炼过程的中间副产品，随着铅锌精矿成分及冶炼工艺的变化，含铟物料的成分各不相同，为了获得较高的铟浸出率，科研工作者们在常规酸浸基础上发展了氧化酸浸、高压酸浸、机械活化酸浸、预处理酸浸和硫酸化焙烧水浸等工艺[140～142]。

1.4.1 强化酸浸

含铟物料中铟存在的物相一般来说比较复杂，除 In_2O_3外还可能存在 In_2S_3和 $In_2(SO_4)_3$等，因此采用添加氧化剂、加压和活化等强化手段来提高铟的浸出率很有必要。

杨岳云[143]和王辉[144]采用氧化酸浸工艺从含铟铅浮渣反射炉烟灰中提取铟，在液固比为5:1、初始硫酸浓度为200～220g/L、MnO_2用量为2.5g/L、浸出温度为95℃和浸出时间为4h的条件下，烟尘中铟的浸出率可以达到80%以上。

梁艳辉等人[145]采用高压酸浸工艺处理含铟硫化锌精矿，在初始硫酸浓度为85g/L、浸出温度为150℃、总压为1.0～1.2MPa、100g精矿添加剂用量为0.2g、液固比5.5:1和浸出时间为1.5h的条件下，精矿中铟的浸出率可以达到

89.96%。闫书阳等人[146]采用氧压酸浸工艺处理复杂多金属高铟高铁闪锌矿，在浸出温度为150℃、初始硫酸浓度为150g/L、液固比为5:1和氧压为1.0MPa的条件下，铟的浸出率可以达到70%。韦岩松等人[147]研究了添加高锰酸钾在高压下浸出锌渣氧粉，研究发现锌渣氧粉中铟的浸出率可以达到90.60%。

姚昌洪等人[148]和王少雄[149]采用 $H_2SO_4 + NaCl$ 处理铅锑烟灰提取铟，烟灰中铟的浸出率在80%以上。黎弦海等人[150]为了提高锑渣氧粉中铟的浸出率，探讨了机械活化强化酸浸工艺的可行性，研究结果表明，在搅拌磨中加入直径4~5mm的刚玉球，边磨边浸出，铟的浸出率由40%提高至60%以上。

1.4.2 硫酸化焙烧/熟化—水浸

蒋新宇等人[151]针对含铟铅烟灰开发了硫酸化焙烧—水浸提铟工艺，在酸料质量比为0.6~0.7、焙烧温度为230~250℃、焙烧时间为2.5h、浸出过程中液固比为5~7、浸出温度为常温和浸出时间为2.5h的条件下，铅烟灰中铟的浸出率可以达到88%以上。为了进一步提高水浸液中铟的浓度，魏文武[152]将水浸液返回用于硫酸化焙烧焙砂的浸出。文岳中等人[153]将经0.5mol/L硫酸浸渍并高温灼烧的麦饭石与含铟废渣混合，然后经焙烧和水浸，铟的浸出率在93%以上，该法可以降低硫酸的用量，降低设备腐蚀程度。为了解决浓硫酸焙烧过程设备腐蚀严重等问题，冯同春等人[154]开发了干式硫酸化焙烧工艺，即将 $FeSO_4$ 与含铟物料混合，然后在500~600℃下进行焙烧，最后得到 $In_2(SO_4)_3$ 和 Fe_2O_3。

在硫酸化焙烧过程中产生大量的低浓度 SO_2 气体，增加了后续处理的成本。浓硫酸熟化强化浸出[155,156]工艺具有酸耗低、环境友好、生产成本低和金属提取率高等优点。朱为民[157]采用硫酸熟化—水浸法处理含铟铅碱性精炼浮渣，酸料质量比为0.88~1.0、加入20%的水、熟化温度为150℃、熟化时间为30min、浸出液固比为4、浸出温度为70~80℃、浸出时间为1h，铟的浸出率最高达到93%以上。吴江华等人[158]采用高温硫酸熟化强化氧化锌烟尘浸铟过程，将铟浸出率从49%提高至95%。

1.4.3 预处理—酸浸

为了提高锌含量较高的含铟烟尘中铟的浸出率，在硫酸浸铟之前经常先利用中性浸出脱除烟尘中的大部分锌。刘大春等人[159]和王辉[160]采用中性浸出—酸性浸出分别处理高锌富铟渣和铅浮渣反射炉烟尘，控制浸出终点pH值为5.2~5.4，中性浸出可以脱除60%~70%的锌，而铟基本上全部进入中浸渣中，中浸渣再采用热酸浸出，铟的浸出率可以达到95%以上。吴江华等人[158]在使用硫酸浸取锌酸浸渣回转窑氧化锌烟尘中的铟之前先采用中性浸出脱除烟尘中80%的锌，铟的损失在2%以下。

郑顺德[161]为了回收电炉底铅中的铟，首先采用氢氧化钠和硝酸钠混碱熔炼底铅，将底铅中的铟富集到碱熔渣中，然后经加水碱煮和两段硫酸浸出，铟的总浸出率在99%以上。丁世军等人[162,163]采用干馏—烟化从铝铁锌渣中富集铟，然后通过硫酸浸出—萃取回收金属铟，研究结果表明，通过干馏有效地挥发了大部分的锌，再经烟化将铟挥发富集于氧化锌烟尘中，铟的总收率在90%以上。

鲁君乐等人[120]采用新氯化—水解法处理含铟低的复杂锑铅精矿，通过逐步处理分离精矿中锑、铅、银等金属，最后得到可以采用常规湿法流程处理的铟精矿，铟精矿的品位从0.041%提高至3.62%。陈雪云[164]采用碱洗—酸浸工艺处理铜鼓风炉烟尘，铟浸出率为70%，通过碱洗，烟灰中氟和氯的脱除率分别为60%和70%，浸出渣可以直接返回铅鼓风炉回收铅和铜。

1.5 研究背景及主要研究内容

1.5.1 研究背景

砷在元素地球化学分类中属金属矿床成矿元素，自然界中的砷大多以硫化物的形式共生或者伴生于金、铜、铅、锌、锡、镍、钴矿中，目前已经查明的含砷的矿物达300多种[165]。在采矿过程中，每开采1t有色金属（金除外），附带采出的砷为0.12～10.8t；而每开采1t黄金，带出的砷高达1700～21000t[166]。

在有色金属冶炼过程中，精矿中的砷大部分被挥发进入烟气，在高温炉气中砷与铅锑锌等元素碰撞吸附而生成砷酸盐或亚砷酸盐，形成粒度微细、价态和成分复杂的含砷较高的熔炼烟尘（以下简称高砷烟尘），最后在收尘系统被收集[167]。高砷烟尘中除砷之外还含有大量的铅、锌、锑、锡和铟等有价金属，具有较高的经济价值。由于高砷烟尘的成分很复杂且砷含量较高，随着现有环保要求越来越严格，对其进行安全处理以回收有价金属变得越来越困难。目前仅有少数企业对其中极少部分的有价金属（比如铟）进行了回收，而且这些处理方法不仅不能有效地综合回收高砷烟尘中的有价金属，反而增大了后续废渣的处理难度和环保压力。因此，国内大多数冶炼厂都对此类高砷烟尘采取堆存方式暂缓处理。

高砷烟尘在堆场存放时，由于雨水冲刷、溶浸、微生物作用等会促使砷渣溶解于水体，容易造成二次污染[168,169]。在堆置区，工人及附近居民往往会发生慢性砷中毒，癌症发病率明显高于其他人群，平均寿命较其他人群短。高砷烟尘对环境的污染主要是随着雨水冲刷，烟尘中的可溶性砷盐、重金属离子被溶解，一部分随地表水移动造成污染，一部分由于重力作用而下渗进入地下水层随水长距离迁移扩散，造成高砷烟尘堆置区域内地下水中砷含量的升高，一部分则进入土壤迁移、转化造成污染，使农作物减产，农畜产品中含砷量升高，并通过食物链对人体造成危害。砷污染对生态造成严重破坏，对环境造成严重污染，对人群健康构成严重危害，对生命构成严重威胁[170]，开展高砷烟尘的综合处理迫在眉睫。

研究的实施可以综合回收高砷烟尘中的铅、锑、砷、铟等有价金属元素，使高砷烟尘资源化，烟尘堆存量大大减少，有利于综合生产成本的降低，并达到控制和治理高砷烟尘污染的目的。因此，高砷烟尘资源化对于治理和控制高砷烟尘污染具有极其重要的意义。

1.5.2 主要研究内容

本研究以脆硫铅锑矿火法冶炼过程中产出的高砷烟尘为原料，开发了梯级提取高砷烟尘中的有价金属、分别制备产品的高砷烟尘综合处理新工艺。通过对浸出过程的热力学和动力学分析以及系统的工艺条件实验和优化实验研究，探讨合适的工艺路线和工艺参数，为高砷烟尘的资源化高效处理提供理论和技术支撑。研究采用的主要工艺流程如图 1-1 所示。

研究工作主要围绕以下内容展开：

（1）高砷烟尘原料成分和物相结构分析。通过对高砷烟尘的来源、成分、物相以及砷的赋存状态进行分析，确定高砷烟尘的成分特征，为高砷烟尘的湿法处理工艺路线提供依据。

（2）高砷烟尘湿法浸出过程中的热力学研究。通过热力学计算和绘制相关金属的 Me-H_2O 系和 Me-S-H_2O 系电位-pH 图并进行分析，探索各元素不同形态化合物或者离子相互平衡的情况及其稳定存在的形态，研究高砷烟尘中砷、锑和铟梯级浸出反应的可能性、浸出反应进行的限度及促进浸出反应进行所需的热力学条件，为高砷烟尘各元素梯级浸出工艺条件的选择提供理论依据。

（3）高砷烟尘中砷的选择性浸出研究。在砷浸出过程热力学研究基础上，采用氢氧化钠-硫黄选择性浸出工艺脱除高砷烟尘中的砷，通过正交实验和单因素条件实验考察各工艺条件参数对砷选择性浸出效果的影响，并确定最佳工艺条件；采用优化实验设计探讨浸出过程优化区域，研究浸出过程反应动力学，探讨提高砷浸出率和抑制铅、锑、锌浸出率的措施，研究循环浸出过程杂质离子的积累以及硫黄的转化行为。

（4）浸出液中砷的回收及三氧化二砷的制备研究。采用“氧化—冷却结晶”工艺从浸出液中回收砷酸钠，探索工艺条件对砷结晶回收率的影响；以回收的砷酸钠结晶为原料，采用“水溶解—石灰沉淀脱钠—硫酸溶解—亚硫酸还原—蒸发结晶—重结晶”工艺，以及优化后的“稀硫酸溶解—冷冻结晶脱钠—SO_2还原—重结晶”工艺制备三氧化二砷产品，优化工艺条件，探索制备高品质的三氧化二砷产品。

（5）浸出渣中锑和铟的回收研究。在锑浸出过程热力学研究基础上，采用

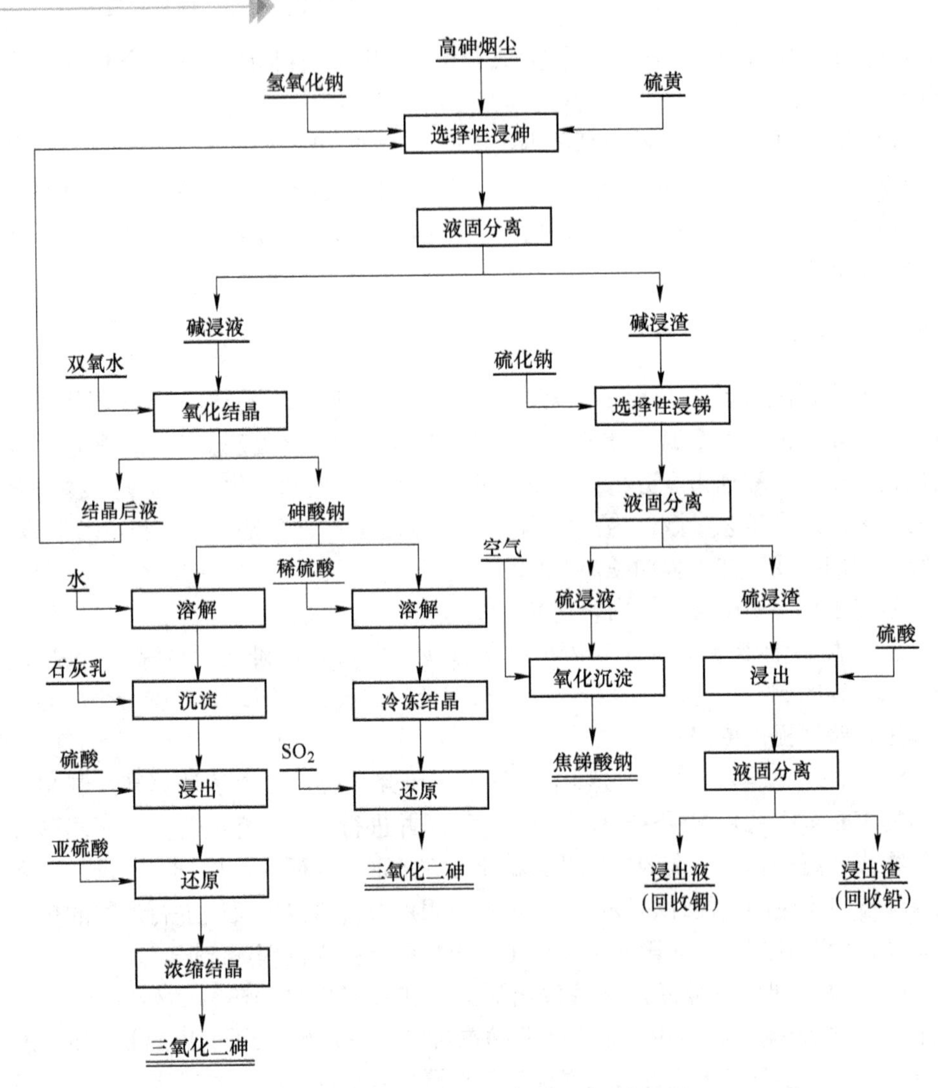

图 1-1 高砷烟尘湿法处理原则工艺流程

“硫化钠浸出—空气氧化”工艺从高砷烟尘碱浸渣中选择性浸出锑并制备焦锑酸钠产品，优化工艺条件，探索制备高品质的焦锑酸钠产品；在铟浸出过程热力学研究基础上，采用硫酸浸出工艺浸取浸出渣中的铟，通过正交实验探索工艺的可行性和最佳工艺条件。

2 实验原料及方法

2.1 实验原料

2.1.1 原料来源及特点

实验研究所用原料来自广西成源矿冶有限公司。该企业位于广西河池市东江镇工业开发区，利用河池当地丰富的矿产资源，经过多年发展，已成为一家现代化铅锌冶炼和综合回收的联合企业，拥有铅、锑、锌等生产线。

我国的脆硫铅锑矿主要产于广西南丹大厂锡多金属矿田（简称大厂矿田）的锡铅锑锌多金属矿床，是锡石多金属硫化矿的选矿产品[171]。南丹大厂矿田被誉为“中国的第二锡都”。它位于桂西北云贵高原南缘，跨越南丹、河池两县，整个矿田总面积约 168km^2。大厂矿田地处桂北隆起与桂西拗陷接合部位，相当于广西山字形构造前弧西翼丹池褶断带中段，由丹池复式背斜主脊、大厂次级背斜及羊角山-八面山向斜组成。西部（西带）大厂背斜轴部分布有长坡-铜坑、巴里-龙头山两个锡多金属矿区，其间有老长坡银多金属矿床；中部（中带）在丹池主背斜（又称龙箱盖背斜）西翼及向斜中有拉么中型矽卡岩型锌铜矿床和大型茶山锑（钨）脉状矿床；东部（东带）龙箱盖背斜东翼冲断裂旁侧分布有大福楼锡多金属矿床和中型亢马锡多金属矿床。此外，还有大燕、拉尼-毛毛冲脉状钨矿床和邻近的砂锡矿床。主背斜轴及纵向断裂均为北北西向，横向断裂呈北东向，局部地段发育有南北向破裂构造。有岩脉、矿脉充填深部隐伏有黑云母花岗岩，岩体顶部有岩脊、岩突，上部有岩脉、岩床，其侵入时代属燕山晚期。矿区出露地层有下泥盆统到下三叠统。主要赋矿层位为泥盆系，而锡的成矿已延入中石炭统灰岩中。矿床规模巨大，含量中等，以锡为主，还伴有大量的锌、铅、锑、铜、银、钨，铟、镓、镉、硒等稀散金属，硫、砷非金属矿产，可供综合利用[172]。

广西南丹大厂矿田的锡铅锑锌多金属矿经选矿分离出锡精矿，同时浮选出锌、铅、锑硫化矿，再次浮选分离得到锌精矿和铅锑精矿。脆硫铅锑精矿的分子式为 $Pb_4FeSb_6S_{14}$，其中的铁硫比波动于 1∶(5～15)，其中的铅和锑以固熔体形态存在，无法通过物理选矿方法分离，必须通过冶金过程才能综合利用[173]。选矿厂产出的脆硫锑铅精矿的大致成分为 Pb 28%～32%，Sb 24%～28%，S 18%～

25%，此外还有部分锌、锡及少量的银、铜、铟、铋、砷等元素，是一种综合回收利用难度大、价值高的复合矿物。典型的脆硫铅锑精矿化学成分见表 2-1。

表 2-1 典型脆硫铅锑矿精矿的化学成分

元 素	Pb	Sb	S	Zn	Sn	Cu	Ag	As	Fe	SiO_2	Bi	CaO
质量分数/%	32.54	28.63	19.45	4.33	0.56	0.35	1025g/t	0.25	8.33	1.76	0.06	2.87

烧结—鼓风炉熔炼—吹炼法是目前国内普遍采用的处理脆硫铅锑矿精矿的方法[174~176]。精矿经过配料烧结得烧结块，烧结块入鼓风炉熔炼得铅锑合金，铅锑合金经熔析脱铜后进行电解生产电铅，电铅阳极泥经反射炉熔炼和吹炼得到锑氧粉和贵铅，贵铅用来回收金银，锑氧粉经还原除杂得精锑。主要金属收率：Pb 80%~86%，Sb 75%~84%，Ag 76%~84%。

铅锑合金在火法精炼熔析脱铜过程产出大量的铜浮渣，其主要成分为铜、铅、锑、锌、铁、锡、砷、硫和银等元素[171,172]。在铜浮渣鼓风炉熔炼过程中，利用冶金焦炭燃烧提供热量和还原剂，将铜浮渣中的铜与硫铁矿中的硫造成冰铜，铅锑还原成合金或粗铅，铁屑、硅石作为造渣剂，形成多元的复杂熔融体炉渣，最后得到铅冰铜和砷冰铜产品；同时大部分的砷被挥发进入烟气中，在高温炉气中与铅锑锌等元素碰撞吸附而生成砷酸盐或亚砷酸盐，形成粒度微细、价态和成分复杂的高砷烟尘。

2.1.2 化学组成分析

高砷烟尘在堆存过程中吸潮，因此，将从企业采集的高砷烟尘样品置于鼓风干燥箱内，设定干燥温度为105℃进行鼓风干燥 24h 以脱除样品中的游离吸附水。将干燥后的高砷烟尘样品破碎至全部通过 150μm（100 目）分样筛，然后用自封袋密封包装以作为后续实验的原料。高砷烟尘的 X 射线荧光半定量分析结果和化学定量分析结果分别见表 2-2 和表 2-3。

表 2-2 高砷烟尘的 XRF 分析结果

元 素	Pb	As	Sb	O	S	Zn	Sn	F	Na	Fe	Cl	Cu	Si	In	Ca	Al	Ni
质量分数/%	45.37	9.89	9.97	9.38	5.92	4.08	3.12	3.15	2.13	1.85	1.82	1.21	0.79	0.37	0.29	0.20	0.02

表 2-3 高砷烟尘的化学成分

元 素	Pb	Sb	As	Sn	Zn	Cu	Fe	S	In
质量分数/%	44.70	9.50	9.91	2.30	3.80	1.10	1.80	5.50	0.36

从表 2-2 和表 2-3 可以看出，高砷烟尘的成分比较复杂，含量在 1% 以上的元素有铅、锑、砷、氧、硫、锌、锡、氟、钠、铁、氯、铜等元素。高砷烟尘中铅、砷、锑和铟的含量分别达到 44.70%、9.91%、9.50% 和 0.36%，这几种元

素具有较高的回收价值，锡、锌和铜的含量分别为 2.30%、3.80% 和 1.10%，在处理主流程中可以考虑进行综合回收，以实现经济效益的最大化。

2.1.3 物相结构分析

对高砷烟尘进行 X 射线衍射分析，以确定烟尘样品中存在的主要物相种类，其结果如图 2-1 所示。

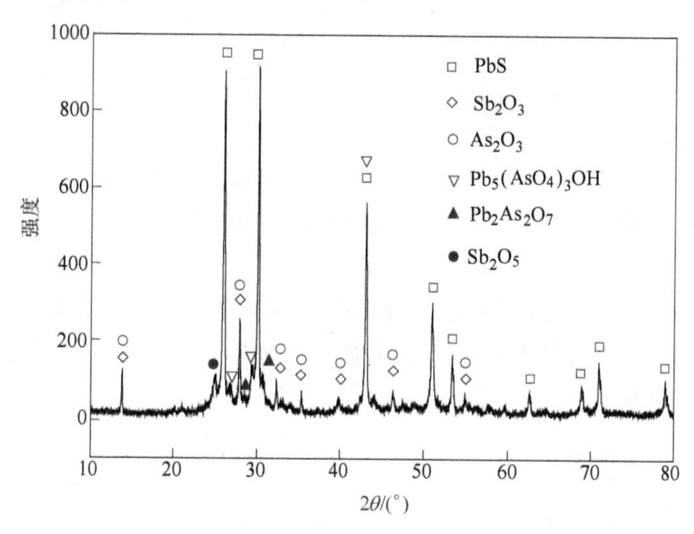

图 2-1 高砷烟尘的 XRD 谱

由图 2-1 可知，高砷烟尘样品中存在的物相有方铅矿（PbS）、方锑矿（Sb_2O_3）、砷铅矿（$Pb_5(AsO_4)_3OH$）、砷华（As_2O_3）、砷酸铅（$Pb_2As_2O_7$）和五氧化二锑（Sb_2O_5）。图中没有显示锌、锡等元素的衍射特征峰，可能是因为锌锡的含量较低，其产生的衍射特征峰强度比较弱，而被 PbS 等化合物的衍射峰掩盖。

2.1.4 砷赋存状态分析

在铜浮渣鼓风炉还原熔炼过程中，大部分的砷以低价氧化物或者硫化物挥发进入烟气中，同时，铜浮渣中的铅、锑、锌、锡等低蒸气压易挥发金属也不可避免地有少量被挥发进入烟气中，砷在高温炉气中与铅锌等元素碰撞吸附反应生成相应的砷酸盐，在布袋中收集得到的烟尘中的砷主要以三氧化二砷、五氧化二砷、砷酸锌、砷酸铅、单质砷、硫化砷等形式存在[177]。根据砷形态的化学特征，使用不同试剂将不同形态的砷进行分离，然后分别进行分析，即可得到高砷烟尘中砷的赋存状态。

2.1.4.1 不同形态砷的分离

不同形态的砷的分离有：

（1）氧化砷（As_2O_3、As_2O_5）。在室温下（25℃），As_2O_3在水中的溶解度为2.04%，As_2O_5在水中的溶解很大，每100g水中可以溶解230g，但是它们在冷水中溶解得比较慢，因此采用沸水浴进行浸提，然后过滤，与其他形态的砷进行分离。滤液用于检测氧化砷，滤渣用于其他形态砷的检测。

（2）砷酸锌（$Zn_3(AsO_4)_2$）。砷酸锌在水中的溶解度（$-\lg S=27.8$）很小，易溶于柠檬酸之类有机酸，过滤与其他形态分离，滤液中测定砷酸锌。

（3）砷酸铅（$Pb_3(AsO_4)_2$）。砷酸铅在水中的溶解度（$-\lg S=35.4$）更小，但铅与EDTA形成稳定络合物，先用上述溶剂浸取，再用EDTA浸取砷酸铅，过滤与其他形态分离，滤液中测定砷酸铅。

（4）单质砷（As）。单质砷化学活性不高，既不溶于水，常温下在空气中氧化很慢，加很稀的过氧化氢促使其氧化溶解，过滤与其他形态分离，滤液中测定单质砷。

（5）硫化砷（As_2S_3）。根据砷的硫化物容易被氨性过氧化氢、碱金属的碳酸盐、苛性碱以及碱金属硫化物溶解的性质，选择2mol/L氢氧化钠溶液作为溶剂，加热煮沸溶解，过滤与其他形态分离，滤液测定硫化砷。

2.1.4.2 分析流程

称取0.5g高砷烟尘，置于300mL烧杯中，加100mL纯水，在沸水浴中加热、搅拌溶解40min。取下，过滤于200mL容量瓶中，用水洗残渣3次，定容，摇匀，此溶液用于分析氧化砷。

将水浸溶解过滤后的残渣移入原烧杯中，加50mL 0.2%柠檬酸溶液，在室温下搅拌溶解30min，过滤于100mL容量瓶中，用水洗残渣3~5次，定容，摇匀，此溶液用于分析砷酸锌。

将柠檬酸溶解过滤后的残渣移入原烧杯，加50mL 0.1mol/L EDTA溶液，在80℃水浴中不断搅拌溶解30min，取下，过滤于100mL容量瓶中，用水洗残渣3~5次，定容，摇匀，此溶液用于分析砷酸铅。

将EDTA溶解过滤后的残渣移入原烧杯，加50mL 3%双氧水溶液，在室温下搅拌溶解30min，过滤于100mL容量瓶中，用水洗残渣3~5次，定容，摇匀，此溶液用于分析单质砷。

将3%双氧水溶解过滤后的残渣移入原烧杯，加50mL 2mol/L氢氧化钠溶液，加热煮沸，在近沸温度下搅拌浸溶30min，过滤于100mL容量瓶中，用水洗残渣3~5次，定容，摇匀。再取10mL氢氧化钠浸出液至100mL烧杯中，加5mL双氧水，氧化，微沸，加10mL盐酸酸化，转移至100mL容量瓶中，定容，摇匀，此溶液用于分析硫化砷。

2.1.4.3 分析结果

称取0.6943g高砷烟尘，按照2.1.4.2节中所述分析流程依次浸提各形态的砷，从各浸提液中分别取适量浸出液，酸化、稀释至合适浓度，用原子荧光光度计分析各溶液中的砷浓度，然后计算得到高砷烟尘中砷的各形态含量，分析结果见表2-4。

表2-4 高砷烟尘中砷的化学物相分析结果

物 相	氧化砷	砷酸锌	砷酸铅	单质砷	硫化砷	其他
砷含量/mg	33.56	4.72	24.15	0.16	5.03	1.17
比例/%	48.78	6.86	35.10	0.24	7.32	1.71

从表2-4可以看出，高砷烟尘中砷主要以氧化砷和砷酸铅的形式存在，以氧化砷和砷酸铅状态存在的砷所占的比例分别为48.78%和35.10%，两者合计所占的比例将近84%；其余的砷主要以硫化砷和砷酸锌的形式存在，其所占比例分别为7.32%和6.86%。

2.1.5 扫描电镜及能谱分析

图2-2所示为高砷烟尘样品的扫描电镜照片。从图中可以看出，高砷烟尘样品颗粒粒度微细，粒度分布比较窄，颗粒的尺度在亚微米至微米级别，颗粒之间相互黏附、簇拥在一起。

图2-2 高砷烟尘的扫描电镜照片

图2-3所示为高砷烟尘样品的X射线能谱图。从图中可以看出，高砷烟尘的二次电子图像衬度存在明显的暗区和亮区，首先选取了一个比较大的区域进行面扫描分析，结果如图2-3（b）所示，然后针对明亮的区域和比较暗的区域分别进行微区扫描，结果如图2-3（c）和图2-3（d）所示，从各图的结果看各个区

域的二次电子图像谱线的形状、特征峰的位置和高度都差不多，说明高砷烟尘中各元素的分布比较均匀，没有明显的单一物质富集相。

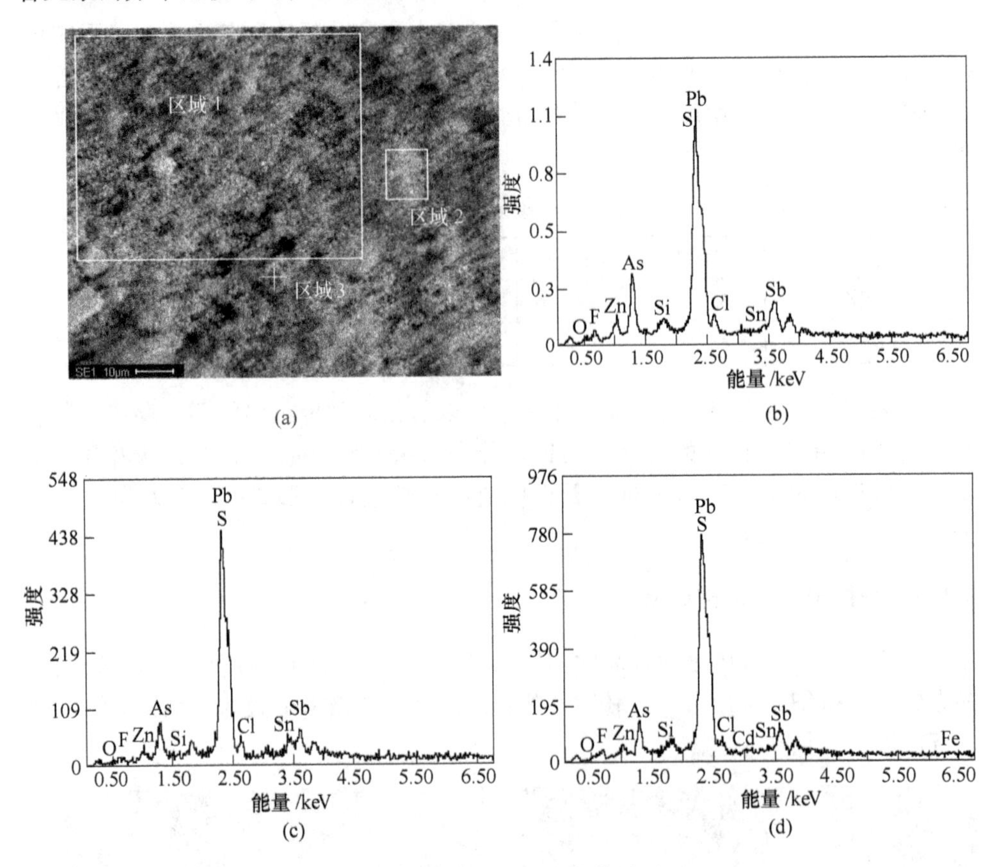

图 2-3 高砷烟尘的能谱图

(a) 照片图；(b) 区域 1 能谱图；(c) 区域 2 能谱图；(d) 区域 3 能谱图

从高砷烟尘的扫描电镜和能谱图可以发现，高砷烟尘中存在的 PbS、Sb_2O_3、$Pb_5(AsO_4)_3OH$、As_2O_3、$Pb_2As_2O_7$和 Sb_2O_5等物相都相互混杂在一起，没有形成富集相，很难通过物理的方法将不同的物相分离。

2.1.6 原料分析结论及实用性工艺选择

通过对高砷烟尘的来源、成分、物相以及砷的赋存状态的分析，该高砷烟尘主要由 PbS、Sb_2O_3、As_2O_3、$Pb_5(AsO_4)_3OH$、$Pb_2As_2O_7$以及锡、锌的化合物等组成，高砷烟尘样品的成分比较复杂，铅、锑、砷、铟的含量都比较高，具有回收的价值。高砷烟尘中铅和砷的分布都比较分散，既有单独的硫化物（PbS）和氧化物（As_2O_3），又有两者交互产生的砷酸盐（$Pb_5(AsO_4)_3OH$、$Pb_2As_2O_7$）。如果选择酸浸工艺，为达到较为理想的砷脱除率，则必须采用较高的酸度以促进砷酸铅（$Pb_5(AsO_4)_3OH$ 和 $Pb_2As_2O_7$）中砷的浸出，这样必将导致高砷烟尘中大部分的锌、铜、铁、铟以及部分的锑随同砷一起进入浸出液中，使得浸出液的成分复杂、金属种类繁多，需要复杂繁琐的流程从浸出液中分离回收砷、铟、锑、锌、铜等金属，导致生产成本高、金属直收率低。因此，选择碱性浸出工艺相对来说是比较合适的。选择的理由主要有：

（1）铜、铁、铟等金属在碱性溶液中的溶解度很小。

（2）两性金属铅、锌和锑虽然在碱性溶液中可溶，但是可以通过将其转化为难溶的硫化铅、硫化锌和焦锑酸钠，避免其浸出。

（3）碱性浸出液成分简单，经结晶回收砷之后碱性浸出液可以循环使用，避免了含砷废水的产生和后续处理。

2.2 实验试剂与实验设备

2.2.1 实验试剂

研究中所使用的化学试剂见表2-5。

表2-5 化学试剂

名称	化学式	纯度	生产商
硫酸	H_2SO_4	分析纯	衡阳市凯信化工试剂有限公司
盐酸	HCl	优级纯	国药集团化学试剂有限公司
硝酸	HNO_3	分析纯	株洲石英化玻有限公司
亚硫酸	H_2SO_3	分析纯	株洲化学工业研究所
氢氧化钠	$NaOH$	分析纯	西陇化工股份有限公司
九水硫化钠	$Na_2S \cdot 9H_2O$	分析纯	西陇化工股份有限公司
升华硫	S	分析纯	西亚化工有限公司
氧化钙	CaO	分析纯	西陇化工股份有限公司
硫脲	CN_2H_4S	优级纯	光复精细化工研究院
抗坏血酸	$C_6H_8O_6$	优级纯	光复精细化工研究院
硼氢化钾	BH_4K	优级纯	天津科密欧化学试剂有限公司
二氧化硫	SO_2	分析纯	湖南长沙高科气体有限公司
双氧水	H_2O_2	分析纯	西陇化工股份有限公司

2.2.2 实验仪器

研究所使用的仪器设备见表2-6。

表 2-6 仪器设备

名称	型号	生产商
智能恒温电热套	ZNHW-500mL	上海科升仪器有限公司
真空干燥箱	DZF-6020	上海迅博实业有限公司
电热鼓风干燥箱	101 型	北京永光明医疗有限公司
电热恒温水浴锅	DK-7000-ⅢL	天津泰斯特仪器有限公司
集热式恒温磁力搅拌器	DF-101S	江苏省金坛市医疗仪器厂
数显恒速电动搅拌器	JJ-60	杭州仪表有限公司
万用电炉	DL-1	北京永光明医疗仪器厂
数显酸度计	PHS-25C	上海雷磁厂
电子分析天平	FA2004	上海上平仪器公司
台式离心机	TDL-4	上海安亭科学仪器厂
循环水式多用真空泵	SHB-B95	郑州长城科工贸有限公司

2.3 实验过程

2.3.1 高砷烟尘碱性浸出实验

高砷烟尘碱性浸出实验装置示意图如图 2-4 所示。具体的操作流程如下：按照实验要求称取适量的高砷烟尘和硫黄（单独碱浸实验时不加）加入 500mL 四口圆底烧瓶中，然后将配制好的 300mL 氢氧化钠溶液加入四口圆底烧瓶中，将四口圆底烧瓶置于恒温水浴锅中，水浴加热，开启搅拌并调整搅拌速度至设定值，同时开启冷却水，使挥发的水蒸气冷凝回流，以维持浸出体系体积的恒定，待四口圆底烧瓶内温度达到设定温度后开始计时；浸出实验结束后趁热抽滤，用少量水直接在布式漏斗内喷淋洗涤浸出渣，浸出渣干燥、称取质量；将浸出液和洗涤液合并、摇匀、记录体积，同

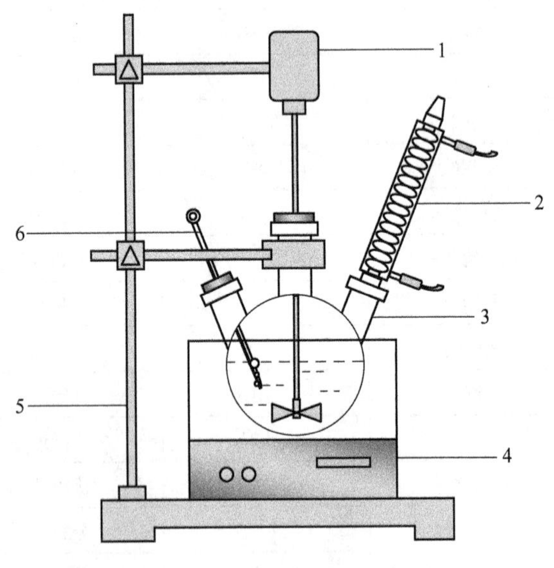

图 2-4 浸出实验装置示意图

1—直流电动搅拌器；2—冷凝回流管；3—四口圆底烧瓶；4—恒温水浴锅；5—铁架台；6—温度计

时移取5mL混合液于50mL高型烧杯中，加入3mL双氧水氧化10min，于万用电炉上微沸2min，取下稍冷，加入15mL浓盐酸酸化，移至100mL容量瓶中，定容、摇匀。

2.3.2　碱浸液冷却结晶实验

高砷烟尘碱性浸出液冷却结晶实验装置示意图与图2-4所示装置类似，区别在于反应容器为500mL的塑料烧杯。具体的操作流程如下：按照实验要求量取200mL碱浸液加入500mL塑料烧杯中，将塑料烧杯置于恒温水浴锅中，水浴控温，开启搅拌并调整搅拌速度至设定值，待塑料烧杯内温度达到设定温度后开始计时；冷却结晶实验后真空抽滤，结晶物干燥、称取质量；浸出液摇匀、记录体积，同时移取5mL碱浸液于50mL高型烧杯中，加入3mL双氧水氧化10min，于万用电炉上微沸2min，取下稍冷，加入15mL浓盐酸酸化，移至100mL容量瓶中，定容、摇匀。氧化—冷却结晶时，首先调整碱浸液至氧化反应设定温度，然后启动数显恒流泵加入适量的双氧水，最后再将碱浸液温度调整至结晶反应设定温度。

2.3.3　三氧化二砷制备实验

2.3.3.1　水溶解—石灰沉淀脱钠—硫酸溶解—亚硫酸还原—蒸发结晶—重结晶

实验装置与图2-4所示装置类似，区别在于砷酸钠溶解、亚硫酸还原和三氧化二砷重结晶实验使用的反应容器为玻璃烧杯。具体的操作流程如下：

（1）称取适量的砷酸钠结晶置于烧杯内，加入适量自来水，搅拌溶解，真空抽滤。

（2）将砷酸钠浓度调整至设定值，每次实验量取300mL砷酸钠溶液加入500mL四口圆底烧瓶中，将四口烧瓶置于恒温水浴锅内，水浴加热，开启冷却水，使挥发的水蒸气冷凝回流，以维持浸出体系体积的恒定；开启搅拌并调整搅拌速度至设定值，待四口圆底烧瓶内温度达到设定温度后加入事先配制好的石灰乳，同时开始计时，实验结束后真空抽滤，用少量水直接在布式漏斗内喷淋洗涤砷酸钙渣，渣干燥、称取质量，将浸出液和洗涤液合并、摇匀、记录体积。

（3）称取适量砷酸钙渣加入500mL四口圆底烧瓶中，然后将配制好的硫酸溶液加入四口圆底烧瓶中，将四口圆底烧瓶置于恒温水浴锅中，水浴加热，开启冷却水，使挥发的水蒸气冷凝回流，以维持浸出体系体积的恒定；开启搅拌并调整搅拌速度至设定值，待四口圆底烧瓶内温度达到设定温度后开始计时，实验结束后真空抽滤，用少量水直接在布式漏斗内喷淋洗涤浸出渣，浸出渣干燥、称取质量；将浸出液和洗涤液合并、摇匀、记录体积。

（4）量取适量砷酸溶液置于玻璃烧杯中，将烧杯置于恒温水浴锅中，水浴加热，开启搅拌并调整搅拌速度至设定值，待烧杯内温度达到设定温度后加入亚硫酸溶液，同时开始计时，达到设定还原时间后将烧杯置于万用电炉上加热，待还原后液体积蒸发浓缩至设定值后置于恒温水浴锅中，水浴控温，开启搅拌并调整搅拌速度至设定值，达到设定结晶时间后真空抽滤，三氧化二砷结晶干燥、称取质量；结晶后液记录体积。

（5）称取适量粗三氧化二砷结晶置于烧杯内，加入适量纯水，将烧杯置于恒温水浴锅中，水浴加热，开启搅拌并调整搅拌速度至设定值，待溶解完全后趁热过滤，滤液冷却至室温结晶，然后真空抽滤即得到重结晶三氧化二砷产品。

2.3.3.2 稀硫酸溶解—冷冻结晶脱钠—SO_2还原—重结晶

实验装置与图 2-4 所示装置大体相同，区别的地方在于在温度计旁边设置有SO_2气体导管。具体的操作流程如下：

（1）称取适量的砷酸钠结晶置于烧杯内，加入适量稀硫酸溶液，搅拌溶解，真空抽滤。

（2）将滤液置于冰箱冷藏室内冷冻 24h，然后真空抽滤，结晶用少量水直接在布式漏斗内喷淋洗涤。

（3）将冷冻脱钠的砷酸溶液稀释至实验设定的浓度，每次实验量取 300mL 稀释好的砷酸溶液加入 500mL 四口圆底烧瓶中，将四口烧瓶置于恒温水浴锅内，水浴加热，开启冷却水，使挥发的水蒸气冷凝回流，以维持浸出体系体积的恒定；开启搅拌并调整搅拌速度至设定值，待四口圆底烧瓶内温度达到设定温度后打开 SO_2钢瓶开关向砷酸溶液中通入 SO_2气体，使用流量计控制 SO_2流量，同时开始计时；还原结束后抽滤，三氧化二砷结晶干燥、称取质量；还原后液记录体积，并分析三价砷和总砷浓度。

（4）称取适量粗三氧化二砷结晶置于烧杯内，加入适量纯水，将烧杯置于恒温水浴锅中，水浴加热，开启搅拌并调整搅拌速度至设定值，待溶解完全后趁热过滤，滤液冷却至室温结晶，然后真空抽滤即得到重结晶三氧化二砷产品。

2.3.4 高砷烟尘碱浸渣硫化钠浸出—空气氧化法制备焦锑酸钠实验

高砷烟尘碱浸渣硫化钠浸出实验装置与图 2-4 所示装置相同。具体的操作流程如下：按照实验要求称取适量的硫化钠和氢氧化钠，加入 300mL 自来水配制成浸出剂，然后将配制好的浸出剂加入到 500mL 的四口圆底烧瓶中，水浴加热，开启冷却水，使挥发的水蒸气冷凝回流，以维持浸出体系体积的恒定；将称取好的高砷烟尘浸出渣加入 500mL 四口圆底烧瓶中，开启搅拌并调整搅拌速度至设定值，待四口圆底烧瓶内温度达到设定温度后开始计时；浸出结束后趁热抽滤，用少量水直接在漏斗内喷淋洗涤浸出渣，浸出渣干燥、称取质量；将浸出液和洗涤液合并、摇匀、记录体积，同时移取5mL混合液于50mL烧杯中，加入3mL双氧水氧化10min，微沸2min，取下稍冷，加入10mL浓盐酸酸化，移至100mL容量瓶中，定容、摇匀。

锑浸出液空气氧化实验装置与图2-4所示装置大体相同，区别的地方在于在温度计旁边设置有空气导管。具体的操作流程如下：将浸出条件实验得到的锑浸出液混合，搅拌均匀，备用。每次实验量取300mL浸出液加入500mL四口圆底烧瓶中，将四口烧瓶置于恒温水浴锅内，水浴加热，开启冷却水，使挥发的水蒸气冷凝回流，以维持浸出体系体积的恒定；开启搅拌并调整搅拌速度至设定值，待四口圆底烧瓶内温度达到设定温度后启动小型空气压缩机向浸出液中鼓入空气，使用流量计控制空气流量，同时开始计时；氧化结束后抽滤，用少量水直接在漏斗内喷淋洗涤焦锑酸钠结晶，焦锑酸钠结晶干燥、称取质量；将氧化后液和洗涤液合并、摇匀、记录体积，同时移取5mL混合液于50mL烧杯中，加入3mL双氧水氧化10min，微沸2min，取下稍冷，加入10mL浓盐酸酸化，移至100mL容量瓶中，定容、摇匀。

2.3.5 硫化钠浸出渣硫酸浸铟实验

硫化钠浸出渣硫酸浸铟实验装置与图2-4所示装置相同。具体的操作流程如下：按照实验要求量取配制好的300mL硫酸溶液加入到500mL的四口圆底烧瓶中，水浴加热，开启冷却水，使挥发的水蒸气冷凝回流，以维持浸出体系体积的恒定；将称取好的硫化钠浸出渣加入500mL四口圆底烧瓶中，开启搅拌并调整搅拌速度至设定值，待四口圆底烧瓶内温度达到设定温度后开始计时；浸出结束后抽滤，用少量水直接在漏斗内喷淋洗涤浸出渣，浸出渣干燥、称取质量；将浸出液和洗涤液合并、摇匀、记录体积。

2.4 分析与检测

2.4.1 元素分析

溶液中的三价砷的分析采用溴酸钾容量滴定法，浸出液和浸出渣中总砷和锑的分析采用原子荧光光度法（AFS），铅、锌、锡、铁、铜和铟等其他元素的分析采用等离子体发射光谱法（ICP-AES）。

2.4.1.1 总砷、锑的分析

原料和浸出渣的预处理：称取0.1000g左右的样品置于100mL高型烧杯中，加入数滴纯水润湿样品，缓慢滴加3mL H_2O_2，静置反应10min，加入5mL浓硝酸，盖上玻片，置于恒温水浴锅内，沸水浴40min；取下稍冷，加入10mL浓盐

酸，置于恒温水浴锅内，沸水浴60min；取下稍冷，加入20mL浓盐酸，移入100mL容量瓶，定容，摇匀。

砷标准系列制备：取1.0mL砷单元素标准溶液（国家标准物质研究中心，1mg/mL）于100mL容量瓶中，加入10mL浓盐酸，定容，摇匀，此为砷使用标准液（10μg/mL）。取100mL容量瓶7个，依次准确加入砷使用标准液0mL、0.1mL、0.2mL、0.4mL、0.6mL、0.8mL、1.0mL，然后各加入10mL(1+1)盐酸，40mL混合液（50g/L硫脲+50g/L抗坏血酸），定容、摇匀，此即为砷标准测量曲线，其浓度依次为0μg/L、10μg/L、20μg/L、40μg/L、60μg/L、80μg/L和100μg/L。

锑标准系列制备：取1.0mL锑单元素标准溶液（国家标准物质研究中心，0.5mg/mL）于100mL容量瓶中，加入20mL浓盐酸，定容，摇匀，此为锑使用标准液（5μg/mL）。取100mL容量瓶7个，依次准确加入锑使用标准液0mL、0.1mL、0.2mL、0.4mL、0.6mL、0.8mL、1.0mL，然后各加入10mL(1+1)盐酸，40mL混合液（50g/L硫脲+50g/L抗坏血酸），定容、摇匀，此即为锑标准测量曲线，其浓度依次为0μg/L、5μg/L、10μg/L、20μg/L、30μg/L、40μg/L和50μg/L。

准确量取适量待测溶液于100mL容量瓶中，加入10mL(1+1)盐酸，40mL硫脲溶液（50g/L），定容、摇匀，放置30min。与砷、锑标准系列一起按表2-7所示仪器工作参数测定砷和锑。

表2-7 仪器工作参数

参数	砷	锑
负高压/V	250	280
总灯电流/mA	40	50
原子化器高度/mm	8	8
载气/mL·min^{-1}	300	300
屏蔽气/mL·min^{-1}	900	900

2.4.1.2 铅、锡、锌、铜、铁、铟的分析

溶液中的铅、锡、锌、铜、铁、铟等元素的含量采用美国热电公司的IRIS Intrepid Ⅰ型等离子体发射光谱仪（ICP-AES）进行测定。将待测样品溶液稀释至钠离子含量小于0.5g/L以下，然后与多元素混合标准系列一起进行测定，即得相应元素的含量。

2.4.2 浸出率的计算

在高砷烟尘、碱浸渣和硫浸渣的浸出实验中，对于浸取得比较彻底的元素采

用式（2-1）来计算浸出率，对于浸出效果比较差的元素采用式（2-2）计算浸出率。如在选择性浸出砷的实验过程中，砷的浸出率采用式（2-1）进行计算，其他元素的浸出率采用式（2-2）进行计算。

$$\eta = \left(1 - \frac{m\omega}{m_0\omega_0}\right) \times 100\% \tag{2-1}$$

$$\eta = \frac{Vc}{10m_0\omega_0} \times 100\% \tag{2-2}$$

式中，η 为该元素浸出率,%；m_0为浸出前样品的质量，g；ω_0为样品中该元素的含量,%；m 为浸出后浸出渣的质量，g；ω 为浸出渣中该元素的含量,%；V 为浸出后浸出液的体积，L；c 为浸出液中该元素的浓度，g/L。

2.4.3　氧化/还原结晶沉淀率的计算

在高砷烟尘碱浸液冷却结晶实验、砷酸溶液还原结晶实验和碱浸渣硫化钠浸出液氧化沉锑实验过程中，砷、锑的结晶率和氧化沉淀率按照式（2-3）进行计算。

$$\eta = \left(1 - \frac{Vc}{V_0c_0}\right) \times 100\% \tag{2-3}$$

式中，η 为该元素结晶率或氧化沉淀率,%；V_0为结晶前液的体积，L；c_0为结晶前液中该元素的浓度，g/L；V 为结晶后液的体积，L；c 为结晶后液中该元素的浓度，g/L。

2.4.4　样品检测与表征

对高砷烟尘，浸出渣、结晶沉淀物等中间产品，三氧化二砷、焦锑酸钠等最终产品分别采用 X 射线衍射（XRD）、扫描电镜（SEM）和 X 射线荧光分析仪（XRF）进行检测与表征。

2.4.4.1　物相的分析

研究使用日本理学公司生产的 3014Z 型 X 射线衍射分析仪（XRD）测定各固体样品的物相组成。首先将待测样品干燥，研磨至 150μm(100 目)，使用 Cu 靶和石墨单色器，在 Rigaku 衍射仪上以 0.04°/min 的速度进行扫描，仪器扫描的角度为 10°～80°。对得到的 X 射线衍射谱使用 MDI Jade5.0 软件进行分析，结合样品的 XRF 分析结果或者 ICP 分析结果就可以得到样品中可能存在的物相组成。

2.4.4.2　微观形貌的分析

研究采用日本电子株式会社生产的 JSM-6360LV 型扫描电子显微镜对各实验样品的表面微观形貌进行表征。扫描电子显微镜（scanning electron microscope,

SEM）主要是使用极为狭窄的电子束扫描样品，电子束与样品发生相互作用而产生各种效应进而发射二次电子信号，从而得到样品表面放大的形貌像。扫描电子显微镜具有：放大倍数较高，各种放大倍数之间连续可调；景深较大，视野大，成像富有立体感，可直接观察到样品表面凹凸不平的细微结构；试样制备简单等优点。

2.4.4.3 X射线荧光分析

研究使用德国布鲁克公司生产的S4-Pioneer型荧光光谱仪对实验样品进行半定量全分析。首先将待测样品干燥，研磨至150μm(100目)，使用压片机压制成圆形试样，使用X射线直接照射试样，通过探测器接收并测定产生的二次X射线（X射线荧光）的能量强度和数量，即可得到试样中存在各元素的种类和含量，该方法可以测量的元素范围为原子序数从8(O) 到92(U)。

3 湿法处理高砷烟尘的热力学研究

3.1 引言

本章依据高砷烟尘湿法处理原则工艺流程，对高砷烟尘氢氧化钠-硫黄选择性浸出脱砷、高砷烟尘碱浸渣硫化钠浸出提锑和硫浸渣硫酸浸出提铟等过程进行热力学分析，以确定各浸出过程中目标元素浸出的可能性和浸出反应进行的限度，从热力学角度探索促进浸出反应平衡右移的条件，为后续的工艺实验研究提供理论依据。

3.2 湿法浸出过程热力学研究基础

在湿法冶金浸出过程中，通常是选择适当的浸出剂使原料中的有价成分或者有害元素选择性溶解，进入浸出液中，从而达到有价成分与有害元素或者与脉石分离的目的。原料中的各种物质在浸出过程中，哪些物质优先溶解、各组分的稳定范围、各物质反应的平衡条件及平衡移动方向和限度，都可以通过热力学分析进行研究[178]。

3.2.1 浸出反应的吉布斯自由能变化

浸出反应的吉布斯自由能变化 $\Delta_r G_m$ 是判断浸出反应在标准状态下能否自动进行的标志。浸出反应的标准吉布斯自由能变化 $\Delta_r G_m^{\ominus}$ 值是反应产物与反应物都处于标准态下的化学势之差。浸出反应的吉布斯自由能变化 $\Delta_r G_m$ 值是反应产物与反应物都处于任意状态下的化学势之差[178]。

一般来说，$\Delta_r G_m$ 可以用来判别反应的方向，而 $\Delta_r G_m^{\ominus}$ 只能反映反应的限度。根据等温式：

$$\Delta_r G_m(T) = \Delta_r G_m^{\ominus}(T) + RT\ln\prod(c_i/c^{\ominus})^{v_i} \tag{3-1}$$

$\Delta_r G_m$ 的值计算比较困难，如果 $\Delta_r G_m^{\ominus}$ 的绝对值很大，则 $\Delta_r G_m^{\ominus}$ 的正负号基本上就决定了 $\Delta_r G_m$ 的符号，近似地可以根据 $\Delta_r G_m^{\ominus}$ 来判别反应的方向。

假设浸出反应为 A 物质与 B 物质反应生成 C 物质和 D 物质，即：

$$a\mathrm{A(s)} + b\mathrm{B(aq)} = c\mathrm{C(aq)} + d\mathrm{D(aq)} \tag{3-2}$$

当已知反应物 A 和 B 及生成物 C 和 D 的标准摩尔吉布斯自由能，则：

$$\Delta_r G_m^{\ominus}(T) = c\Delta G_{m(C)}^{\ominus}(T) + d\Delta G_{m(D)}^{\ominus}(T) - a\Delta G_{m(A)}^{\ominus}(T) - b\Delta G_{m(B)}^{\ominus}(T) \tag{3-3}$$

式中，$\Delta G^{\ominus}_{m(A)}(T)$ 和 $\Delta G^{\ominus}_{m(B)}(T)$ 分别为反应物 A 和 B 在温度 T(K) 下的标准摩尔吉布斯自由能，kJ/mol；$\Delta G^{\ominus}_{m(C)}(T)$ 和 $\Delta G^{\ominus}_{m(D)}(T)$ 分别为生成物 C 和 D 在温度 T(K) 下的标准摩尔吉布斯自由能，kJ/mol。

一般来说，当反应的 $\Delta_r G^{\ominus}_m$ 大于 41.84kJ/mol 时，浸出反应基本上可以认为不能进行；当反应的 $\Delta_r G^{\ominus}_m$ 在 0 ~ 41.84kJ/mol 之间时，通过改变外界条件有可能使浸出反应进行；当反应的 $\Delta_r G^{\ominus}_m$ 小于零时，浸出反应有可能进行。

3.2.2 浸出反应的平衡常数

浸出反应的平衡常数通常指的是反应达到平衡后，反应生成物与反应物的活度商。对于反应式（3-2），反应的平衡常数为：

$$K = \alpha_C^c \alpha_D^d / \alpha_B^b \tag{3-4}$$

式中，α_B、α_C、α_D 分别为浸出反应达到平衡后的物质 B、C、D 的活度。

根据热力学原理可知平衡常数 K 与温度有关，而与浸出体系中各物质的浓度无关。由式（3-1）可知：

$$\Delta_r G_m(T) = \Delta_r G^{\ominus}_m(T) + RT\ln K \tag{3-5}$$

浸出反应达到平衡时，$\Delta_r G_m(T)$ 为零，由 $\Delta_r G^{\ominus}_m(T)$ 可以计算得到平衡常数 K 的数值。因此：

$$\Delta_r G^{\ominus}_m(T) = -RT\ln K \tag{3-6}$$

K 值的大小反映浸出反应进行的可能性及限度，K 值越大，则浸出反应进行的可能性越大，浸出反应进行得越彻底。

在具体的浸出过程中，浸出各组分的活度和活度系数很难获得，通常可以获得的是各物质的浓度。因此，通常近似地使用各物质的浓度来表示平衡状态，即表观平衡常数 K_C。

$$K_C = c_C^c c_D^d / c_B^b \tag{3-7}$$

式中，c_B、c_C、c_D 分别为浸出反应达到平衡后的物质 B、C、D 的浓度。

3.2.3 电位-pH 值图的应用及绘制

对于复杂的浸出体系而言，浸出系统中各元素稳定存在的形态因浸出条件的不同可能分别为阳离子、氧化物、含氧阴离子或者络合离子，也有可能因发生氧化反应以低价或者高价化合物存在。通过电位-pH 值图探索一定条件下各种形态化合物或者离子相互平衡的情况及其稳定存在的形态，进而明晰一定条件下可能发生的反应，研究反应进行的热力学条件。

在湿法浸出过程中，反应生成物和反应物的浓度、溶液的 pH 值和电位，这几者之间存在一定的函数关系，可以使用等温方程式和能斯特方程式表示，通过计算和绘制就可以得到该湿法浸出体系的电位-pH 值图。

电位-pH 值图的绘制过程可以大致归纳为：查明给定条件下湿法浸出体系中可能存在的化合物或者离子以及它们的标准摩尔生成吉布斯自由能；列出体系中存在的有效平衡反应及吉布斯自由能变化；计算各反应平衡时电位 E 与 pH 值的关系并绘图。

根据有无电子和氢离子参与反应，在水溶液体系中发生的化学反应可以分为三类：

（1）化学平衡体系。有 H^+ 参与反应但没有电子迁移，即反应过程中各物质没有价态发生变化。反应方程式为：

$$aA + mH^+ \longrightarrow bB + cH_2O \tag{3-8}$$

当反应达到平衡时，由式（3-1）可得：

$$pH = -[\Delta_r G_m/(2.303RT)] - (b/m)\lg\alpha_B + (a/m)\lg\alpha_A \tag{3-9}$$

（2）电化学平衡体系。反应过程有电子迁移但是没有 H^+ 参与反应，即反应过程中物质的价态发生了变化。反应方程式为：

$$aA + ne \longrightarrow bB \tag{3-10}$$

当反应达到平衡时，由能斯特方程式可得：

$$E = E^{\ominus} - (0.0591/n)\lg(\alpha_B^b/\alpha_A^a) \tag{3-11}$$

（3）化学-电化学平衡体系。反应过程既有电子迁移又有 H^+ 参与反应。反应方程式为：

$$aA + mH^+ + ne \longrightarrow bB + cH_2O \tag{3-12}$$

当反应达到平衡时，由能斯特方程式可得：

$$E = E^{\ominus} - (0.0591/n)\lg(\alpha_B^b/\alpha_A^a) - 0.0591(m/n)pH \tag{3-13}$$

氢线的反应方程式为：

$$2H^+ + 2e \longrightarrow H_2 \tag{3-14}$$

当反应达到平衡时，由能斯特方程式可得：

$$E = -0.0591pH \tag{3-15}$$

氧线的反应方程式为：

$$O_2 + 4H^+ - 4e \longrightarrow 2H_2O \tag{3-16}$$

当反应达到平衡时，由能斯特方程式可得：

$$E = 1.23 - 0.0591pH \tag{3-17}$$

若水溶液中电位低于氢线，则水将被还原析出氢气，若电位高于氧线则水被氧化析出氧气，所以反应在水溶液中进行时，只有在氢线和氧线之间水才能稳定存在。

3.3　高砷烟尘中砷的浸出

从第 2 章的高砷烟尘化学成分和物相结构分析可知，高砷烟尘的成分比较复杂，并且高砷烟尘中存在的物相很多，主要物相为方铅矿（PbS）、方锑矿（Sb_2O_3）、砷铅矿（$Pb_5(AsO_4)_3OH$）、砷华（As_2O_3）、砷酸铅（$Pb_2As_2O_7$）和五氧化二锑（Sb_2O_5），以及砷酸锌、硫化砷、氧化锡、氧化铜、氧化铁和氧化铟等物相。

3.3.1　砷的行为

砷在高砷烟尘中的存在形态主要为氧化砷、砷酸铅、砷酸锌和硫化砷等，为了详细地探讨砷在氢氧化钠-硫黄选择性浸出过程中的浸出行为，通过查找相关文献资料[179,180]，分别计算并绘制了 298K 下 As-H_2O 系和 As-S-H_2O 系的 *E*-pH 图，如图 3-1 和图 3-2 所示。

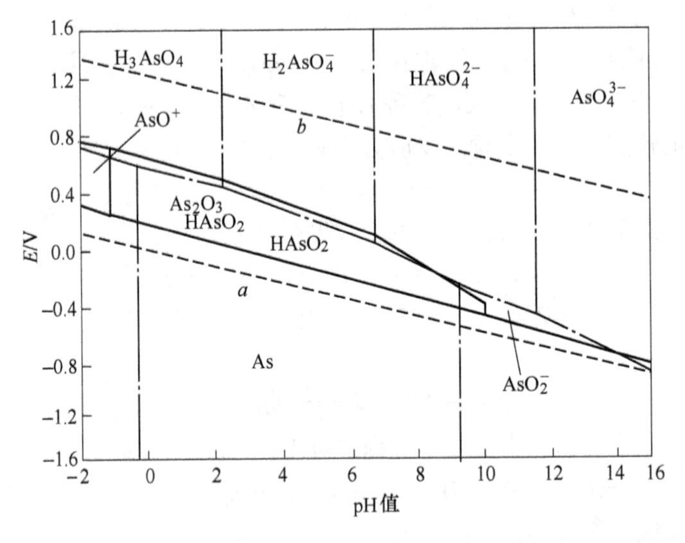

图 3-1　As-H_2O 系 *E*-pH 图

（298K，砷离子的活度均为 1）

从图 3-1 可以看出，在水的稳定区域内 As、As_2O_3、$HAsO_2$、H_3AsO_4、$H_2AsO_4^-$、$HAsO_4^{2-}$、AsO_4^{3-}、AsO^+ 和 AsO_2^- 等均可以稳定存在，当体系的电位较低时，砷主要以三价的 As_2O_3、$HAsO_2$、AsO^+ 和 AsO_2^- 存在；随着体系电位的提高，砷以五价的 H_3AsO_4、$H_2AsO_4^-$、$HAsO_4^{2-}$、AsO_4^{3-} 存在。随着体系 pH 值的降低，AsO_2^- 和 AsO_4^{3-} 与 H^+ 发生加质子反应依次分别生成 $HAsO_2$、AsO^+ 和 $HAsO_4^{2-}$、$H_2AsO_4^-$、H_3AsO_4。控制体系的电位在单质砷 As 稳定区域的上方，可以实现 As 在溶液中稳定存在。

从图 3-2 可以看出，在 As-S-H_2O 系中 As_2S_3、$As_3S_6^{3-}$、As_2O_3、$HAsO_2$、H_3AsO_4、$H_2AsO_4^-$、$HAsO_4^{2-}$、AsO_4^{3-}、AsO^+ 和 AsO_2^- 等组分均可以在水的稳定区域内稳定存在。砷的硫化物（As_2S_3）可以在酸性条件下稳定存在，当体系的 pH

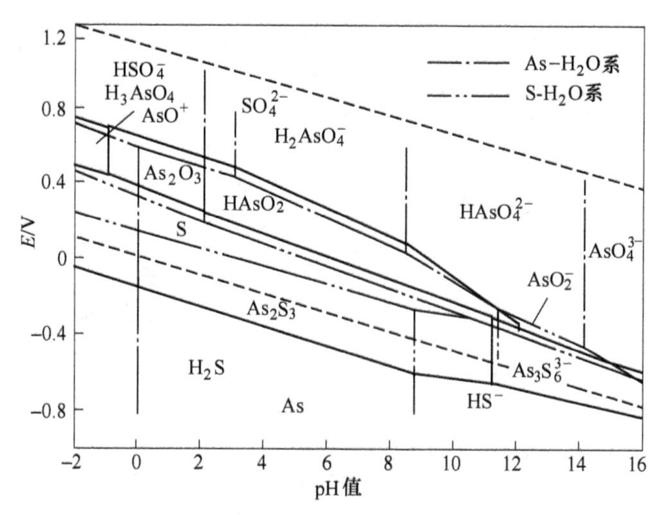

图 3-2 As-S-H_2O 系 E-pH 图

（298K，砷离子的活度均为 1，S^{2-} 的活度为 0.1）

值大于 9.14 时，As_2S_3变得不稳定，As_2S_3与 OH^- 反应转化为 $As_3S_6^{3-}$；当体系的电位增加时，As_2S_3 和 $As_3S_6^{3-}$ 被氧化依次分别生成 AsO^+、As_2O_3、$HAsO_2$、H_3AsO_4、$H_2AsO_4^-$ 和 AsO_2^-、$HAsO_4^{2-}$、AsO_4^{3-}。因此，向含砷溶液中引入 S^{2-} 时，只要控制溶液的 pH 值大于 9.13，溶液中的砷将可以稳定存在而不会沉淀析出。

通过上面的分析和高砷烟尘中砷的赋存状态，在高砷烟尘氢氧化钠-硫黄选择性浸出过程中，砷化合物的有可能发生的反应如下：

$$Pb_5(AsO_4)_3OH + 19NaOH \xlongequal{} 5Na_2PbO_2 + 3Na_3AsO_4 + 10H_2O \quad (3\text{-}18)$$

$$Pb_2As_2O_7 + 10NaOH \xlongequal{} 2Na_2PbO_2 + 2Na_3AsO_4 + 5H_2O \quad (3\text{-}19)$$

$$As_2O_3 + 2NaOH \xlongequal{} 2NaAsO_2 + H_2O \quad (3\text{-}20)$$

$$Zn_3(AsO_4)_2 + 12NaOH \xlongequal{} 3Na_2ZnO_2 + 2Na_3AsO_4 + 6H_2O \quad (3\text{-}21)$$

$$As_2S_3 + 6NaOH \xlongequal{} Na_3AsS_3 + Na_3AsO_3 + 3H_2O \quad (3\text{-}22)$$

砷的砷酸钠盐和亚砷酸钠盐均可以溶于水，硫化砷难溶于中性和酸性溶液中，但是其在碱性溶液将转化为可溶于水的硫代砷酸钠。因此，在氢氧化钠-硫黄选择性浸出结束后，高砷烟尘中的砷基本上都以砷酸钠、亚砷酸钠和硫代砷酸钠的形态进入浸出液中，从而可以实现比较高的砷浸出率。

3.3.2 锑的行为

锑在高砷烟尘中的存在形态主要以锑氧化物为主，为了详细地探讨锑在氢氧化钠-硫黄选择性浸出过程中的浸出行为，通过查找相关文献资料[181]，计算并绘制了 298K 下 Sb-H_2O 系的 E-pH 图，如图 3-3 所示。

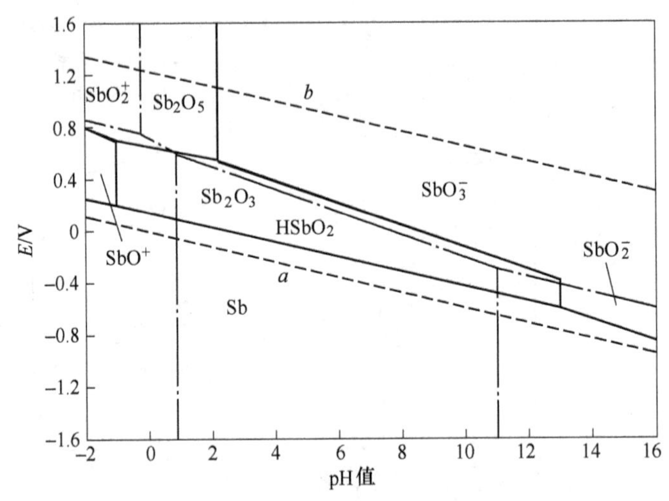

图 3-3 Sb-H_2O 系 E-pH 图

（298K，锑离子的活度均为 1）

由图 3-3 可以看出，在水的稳定区域内 Sb、Sb_2O_3、$HSbO_2$、SbO_3^-、Sb_2O_5、SbO^+、SbO_2^+ 和 SbO_2^- 等均可以稳定存在，当体系的电位较低时，锑主要以三价的 Sb_2O_3、$HSbO_2$、SbO^+ 和 SbO_2^- 存在；随着体系电位的提高，锑以五价的 Sb_2O_5、SbO_3^- 和 SbO_2^+ 存在。随着体系 pH 值的降低，SbO_2^- 和 SbO_3^- 与 H^+ 发生加质子反应依次分别生成 Sb_2O_3、$HSbO_2$、SbO^+ 和 Sb_2O_5、SbO_2^+。

Sb_2O_3 属于两性氧化物，既可以与酸反应生成相应的锑盐，又可以与碱反应生成亚锑酸盐。根据文献报道[181]，亚锑酸钠可溶解于水溶液中，而锑酸钠在水溶液中的溶解度很低。因此，在高砷烟尘浸出过程中，通过提高浸出体系的电位，将进入溶液中低价态的亚锑酸钠氧化为高价态的锑酸钠，锑酸钠水解生成水合锑酸钠沉淀，使锑返回到固相（浸出渣），可以降低选择性浸砷过程中锑的损失。

通过上面的分析和高砷烟尘中锑的赋存状态，在高砷烟尘氢氧化钠-硫黄选择性浸出过程中，锑化合物有可能发生的反应如下：

$$Sb_2O_3 + 6NaOH = 2Na_3SbO_3 + 3H_2O \tag{3-23}$$

$$Sb_2O_5 + 6NaOH = 2Na_3SbO_4 + 3H_2O \tag{3-24}$$

$$Na_3SbO_3 + 8NaOH + 5S = Na_3SbO_4 + Na_2S_2O_3 + 3Na_2S + 4H_2O \tag{3-25}$$

$$Na_3SbO_4 + 4H_2O = NaSb(OH)_6 \downarrow + 2NaOH \tag{3-26}$$

在氢氧化钠-硫黄选择性浸出结束后，高砷烟尘中的锑基本上都以水合锑酸钠的形态进入浸出渣，抑制了锑的浸出，从而可以避免锑的浸出。

3.3.3 铅和锌的行为

铅和锌在高砷烟尘中的存在形态主要以氧化物、砷酸盐和硫化物为主，为了详细地探讨铅和锌在氢氧化钠-硫黄选择性浸出过程中的浸出行为，通过查找相关文献资料[182,183]，分别计算并绘制了298K下Zn-H_2O系、Pb-H_2O系、Zn-S-H_2O系和Pb-S-H_2O系的E-pH图，如图3-4～图3-7所示。

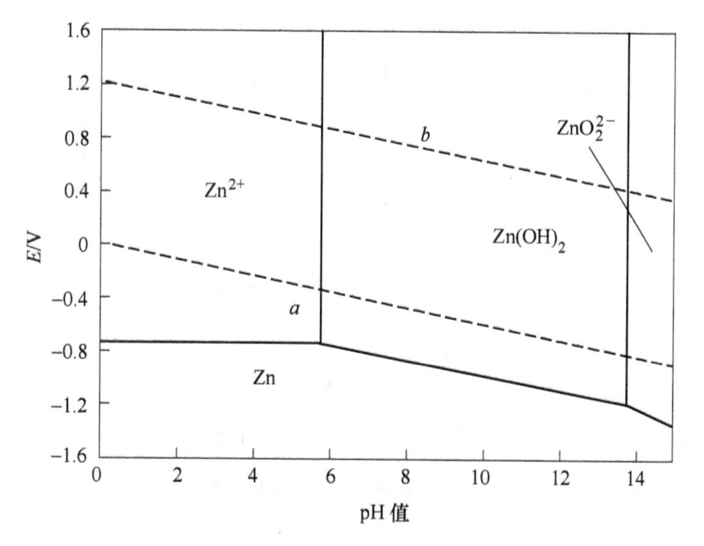

图3-4 Zn-H_2O系E-pH图

（298K，Zn^{2+}的活度为0.1，ZnO_2^{2-}的活度为10^{-2}）

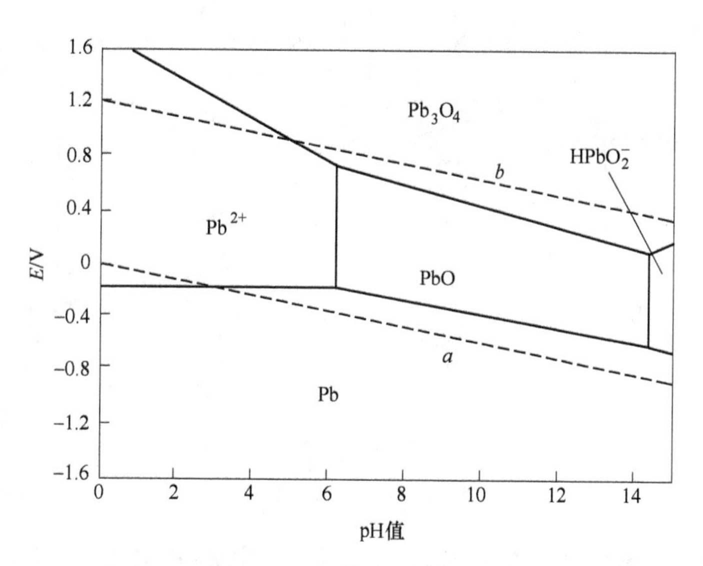

图3-5 Pb-H_2O系E-pH图

（298K，Pb^{2+}的活度为10^{-2}，$HPbO_2^-$的活度为10^{-4}）

由图3-4可以看出，在水的稳定区域内Zn、Zn^{2+}、$Zn(OH)_2$和ZnO_2^{2-}等均可

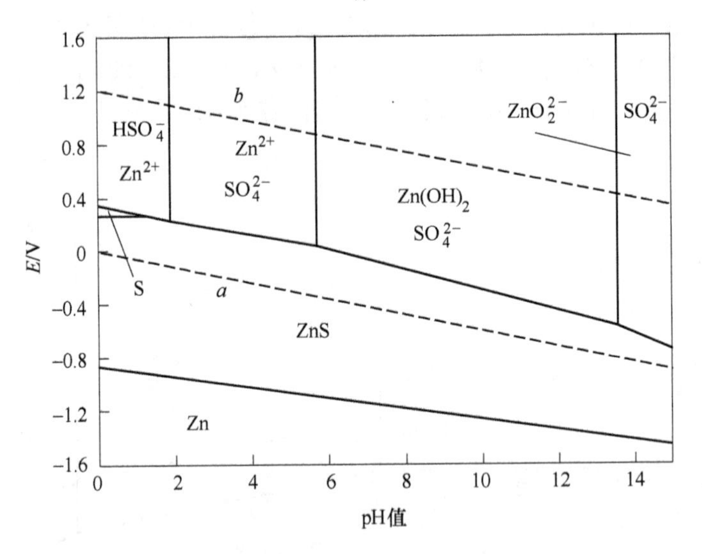

图 3-6 Zn-S-H_2O 系 E-pH 图

（298K，锌离子的活度为 10^{-2}）

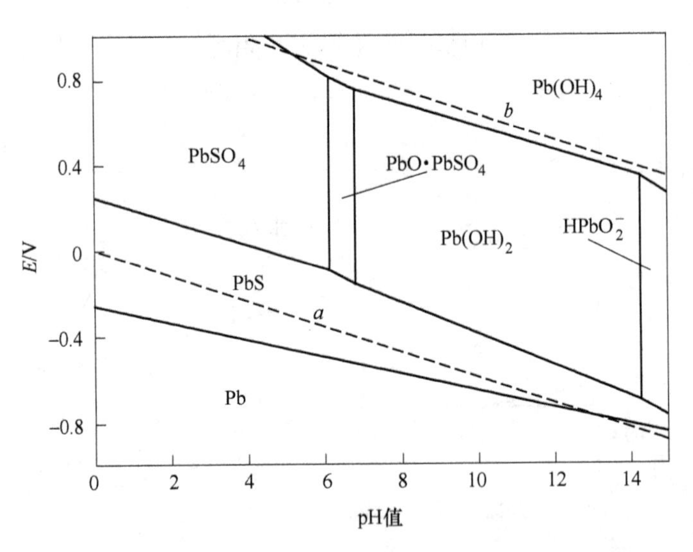

图 3-7 Pb-S-H_2O 系 E-pH 图

（298K，铅离子的活度为 10^{-2}）

以稳定存在。随着体系电位的提高，在酸性溶液中 Zn 被氧化生成 Zn^{2+}；当体系 pH 值大于 5.77 时，Zn 被氧化后生成 $Zn(OH)_2$；而溶液 pH 值大于 13.72（OH^- 离子浓度大于 0.52mol/L）时，$Zn(OH)_2$溶解生成 ZnO_2^{2-}。从图 3-5 可以看出，Pb-H_2O 系的 E-pH 图与 Zn-H_2O 系的 E-pH 图有些近似，在水的稳定区域内 Pb、

Pb^{2+}、PbO、Pb_3O_4和$HPbO_2^-$等均可以稳定存在。随着体系电位的提高，在酸性溶液中Pb被氧化生成Pb^{2+}；当体系pH值大于6.21时，Pb被依次氧化成PbO和Pb_3O_4；而溶液pH值大于14.33时，Pb被氧化生成$HPbO_2^-$。因此，在高砷烟尘湿法浸出过程中为减少铅锌的浸出率，降低选择性浸砷过程中铅锌的损失，选择弱碱性浸出体系从理论上来说是可行的。根据文献报道[184]，铅锌的砷酸盐和亚砷酸盐在水溶液中的溶度积很小，当浸出体系的碱度比较低时，铅锌砷酸盐和亚砷酸盐中的砷很难被浸出进入溶液。

由图3-6可以看出，在Zn-S-H_2O系中ZnS、Zn^{2+}、S、SO_4^{2-}、HSO_4^-、$Zn(OH)_2$和ZnO_2^{2-}等组分均可以在水的稳定区域内稳定存在。当体系的电位比较低时，锌的硫化物（ZnS）不管是在酸性条件下还是在碱性条件下都可以稳定存在。随着体系电位的提高，在酸性条件下，ZnS被氧化生成Zn^{2+}、S、HSO_4^-和SO_4^{2-}；在碱性条件下，ZnS被氧化生成SO_4^{2-}、$Zn(OH)_2$和ZnO_2^{2-}。从图3-7可以看出，在Pb-S-H_2O系中PbS、$PbSO_4$、PbO·$PbSO_4$、$Pb(OH)_2$、$HPbO_2^-$和$Pb(OH)_4$等组分均可以在水的稳定区域内稳定存在。当体系的电位比较低时，铅的硫化物（PbS）不管是在酸性条件下还是在碱性条件下都可以稳定存在。随着体系电位的提高，在酸性条件下，PbS被氧化生成$PbSO_4$和PbO·$PbSO_4$；在碱性条件下，PbS被氧化生成$Pb(OH)_2$和$HPbO_2^-$；当体系电位足够高时，铅还有可能被氧化为$Pb(OH)_4$。

因此，向高砷烟尘浸出体系中引入S^{2-}时，浸出液中游离态的铅和锌都将生成难溶于水的硫化铅和硫化锌而进入浸出渣，可以降低选择性浸砷过程中铅和锌的损失；同时，浸出液中游离态的铅锌离子浓度的降低还可以促进砷酸铅和砷酸锌的分解。

通过以上分析和高砷烟尘中铅和锌的赋存状态，在高砷烟尘氢氧化钠-硫黄选择性浸出过程中，铅和锌的化合物有可能发生的反应如下：

$$PbO + 2NaOH = Na_2PbO_2 + H_2O \tag{3-27}$$

$$ZnO + 2NaOH = Na_2ZnO_2 + H_2O \tag{3-28}$$

$$Pb_5(AsO_4)_3OH + 5Na_2S = 5PbS + 3Na_3AsO_4 + NaOH \tag{3-29}$$

$$Pb_2As_2O_7 + 2Na_2S + 2NaOH = 2PbS + 2Na_3AsO_4 + H_2O \tag{3-30}$$

$$Zn_3(AsO_4)_2 + 3Na_2S = 3ZnS + 2Na_3AsO_4 \tag{3-31}$$

$$Na_2PbO_2 + Na_2S + 2H_2O = PbS + 4NaOH \tag{3-32}$$

$$Na_2ZnO_2 + Na_2S + 2H_2O = ZnS + 4NaOH \tag{3-33}$$

在氢氧化钠-硫黄选择性浸出结束后，高砷烟尘中的铅和锌基本上都以硫化铅和硫化锌的形态进入浸出渣，铅和锌的浸出被抑制了，从而可以实现比较低的铅锌浸出率。

3.3.4 铜和铁的行为

铜和铁在高砷烟尘中的存在形态主要以氧化物为主，为了详细地探讨铜和铁在氢氧化钠-硫黄选择性浸出过程中的浸出行为，通过查找相关文献资料[185,186]，分别计算并绘制了 298K 下 $Cu-H_2O$ 系和 $Fe-H_2O$ 系的 E-pH 图，如图 3-8 和图 3-9 所示。

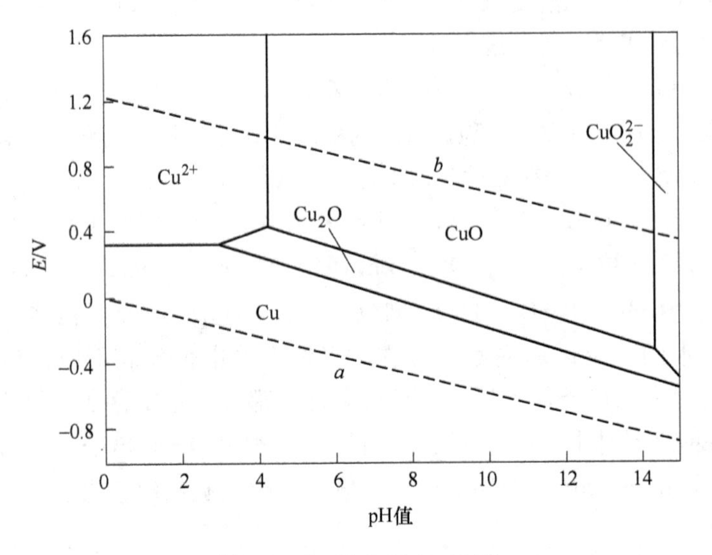

图 3-8 $Cu-H_2O$ 系 E-pH 图

（298K，Cu^{2+} 的活度为 1，CuO_2^{2-} 的活度为 10^{-3}）

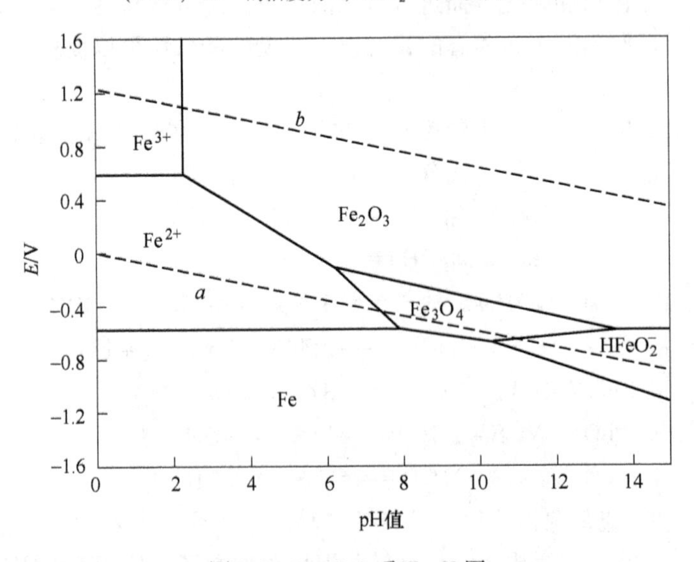

图 3-9 $Fe-H_2O$ 系 E-pH 图

（298K，Fe^{2+} 的活度为 10^{-4}，Fe^{3+} 的活度为 10^{-6}，$HFeO_2^-$ 的活度为 10^{-6}）

从图 3-8 可以看出，在水的稳定区域内 Cu、Cu^{2+}、CuO、Cu_2O 和 CuO_2^{2-} 等均可以稳定存在。随着体系电位的提高，在 pH 值小于 4.25 的酸性溶液中 Cu 主要被氧化生成 Cu^{2+}；当体系 pH 值大于 4.25 时，Cu 依次被氧化后生成 Cu_2O 和 CuO；在 pH 值大于 14.3 的强碱性溶液中，还将有 CuO_2^{2-} 生成。

从图 3-9 可以看出，在水的稳定区域内 Fe^{2+}、Fe^{3+}、Fe_2O_3、Fe_3O_4和 $HFeO_2^-$ 等均可以稳定存在。随着体系电位的提高，低价态的铁被氧化成高价态，Fe^{3+} 只有在 pH 值小于 2.319 的酸性条件下才能稳定存在；当体系的 pH 值大于 2.319 以后，Fe^{3+} 全部转化为 Fe_2O_3。Fe_2O_3稳定存的区域面积随着电位和 pH 值的增加而增加，在高电位条件下，体系中的铁基本上以 Fe_2O_3 的形态存在。在电位接近氢线和强碱性溶液中，还将有 $HFeO_2^-$ 配离子生成。根据文献报道[185]，在氢氧化物沉淀时，当离子的浓度为 10^{-6}mol/L 时，Cu^{2+}、Fe^{2+} 和 Fe^{3+} 的平衡 pH 值分别为 7.37、9.35 和 3.53。因此，在高砷烟尘湿法浸出过程中为减少铜铁的浸出率，降低选择性浸砷过程中铜铁的损失，选择碱性浸出体系从理论上来说是可行的。

在氢氧化钠-硫黄选择性浸出结束后，高砷烟尘中的铜和铁基本上都以氧化物的形态保留在浸出渣中，从而可以实现比较低的铜铁浸出率。

3.3.5 硫的行为及硫黄的助浸机理

高砷烟尘中的硫主要存在于硫化铅和硫化砷中，同时在浸出过程中还加入硫黄进行助浸，为了详细地探讨硫在氢氧化钠-硫黄选择性浸出过程中的浸出行为，通过查找相关文献资料[185]，计算并绘制了 298K 下 S-H_2O 系的 E-pH 图，如图 3-10 所示。

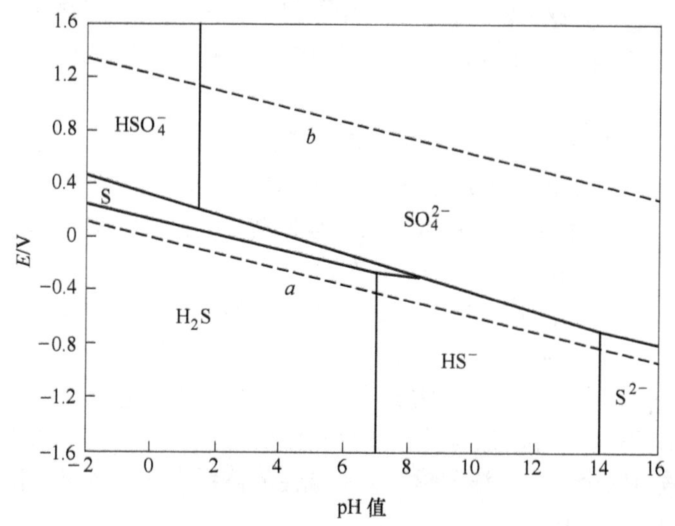

图 3-10 S-H_2O 系 E-pH 图

(298K，S^{2-} 的活度为 0.1)

从图 3-10 可以看出，在水的稳定区域内 H_2S、S、HSO_4^-、SO_4^{2-}、HS^- 和 S^{2-} 等均可以稳定存在。随着体系电位的提高，视体系 pH 值的不同，S 将被氧化为 HSO_4^- 或者 SO_4^{2-}；当体系电位降低时，S 还将被还原生成 H_2S 和 HS^-。S 可以在酸性条件下稳定存在，且随着体系 pH 值的增加，其稳定存在的区域面积逐渐减小；当体系 pH 值高于 8.5 以后，硫稳定存在的形态视体系电位和 pH 值的不同而以 SO_4^{2-}、HS^- 或者 S^{2-} 为主。

在水溶液体系中 S^{2-} 将随着溶液 pH 值的不同而发生水解反应：

$$S^{2-} + H_2O = HS^- + OH^- \tag{3-34}$$

$$HS^- + H_2O = H_2S + OH^- \tag{3-35}$$

在水溶液体系中硫的总浓度 c_{ST} 为 $c_{S^{2-}}$、c_{HS^-} 和 c_{H_2S} 三者之和。

$$c_{ST} = c_{S^{2-}} + c_{HS^-} + c_{H_2S} \tag{3-36}$$

水溶液体系中各种硫形态的分布系数与溶液 pH 值的关系式为：

$$\begin{aligned} X(c_{S^{2-}}) &= c_{S^{2-}}/c_{ST} \\ &= c_{S^{2-}}/(c_{S^{2-}} + c_{HS^-} + c_{H_2S}) \\ &= 1/(1 + K_{b1} \times 10^{14-pH} + K_{b1}K_{b2} \times 10^{28-2pH}) \end{aligned} \tag{3-37}$$

$$\begin{aligned} X(c_{HS^-}) &= c_{HS^-}/c_{ST} \\ &= c_{HS^-}/(c_{S^{2-}} + c_{HS^-} + c_{H_2S}) \\ &= 1/[1 + K_{b2} \times 10^{14-pH} + 1/(K_{b1} \times 10^{14-pH})] \end{aligned} \tag{3-38}$$

$$\begin{aligned} X(c_{H_2S}) &= [c_{H_2S}]/c_{ST} \\ &= c_{H_2S}/(c_{S^{2-}} + c_{HS^-} + c_{H_2S}) \\ &= 1/[1/(K_{b1} \cdot K_{b2} \times 10^{28-2pH}) + 1/(K_{b2} \times 10^{14-pH}) + 1] \end{aligned} \tag{3-39}$$

根据式（3-37）~式（3-39）绘制了 298K 下水溶液中硫存在形态及分布系数与 pH 值的关系，如图 3-11 所示。

从图 3-11 可以看出，在酸性体系中，硫主要是以 H_2S 的形态存在；随着体系 pH 值的增加，HS^- 的分布系数逐渐增加，H_2S 的分布系数逐渐降低；当体系 pH 值大于 13 以后，体系中 HS^- 的分布系数逐渐降低，S^{2-} 的分布系数逐渐增加，在强碱性溶液中，硫主要以 S^{2-} 的形态存在。

在二价金属离子（如铅和锌）硫化物沉淀过程中，当沉淀反应达到平衡时：

$$\lg c_{Me^{2+}} = \lg K_{sp(MeS)} + 21.03 - \lg c_{ST} - 2pH \tag{3-40}$$

从式（3-40）可知，在硫化物沉淀时，溶液中残留的金属浓度与硫化物的溶度积、总硫浓度和溶液 pH 值有关。在总硫浓度一定的条件下，溶液的 pH 值越高，溶液中残留的金属离子浓度越低，强碱性的体系有利于金属硫化物沉淀的生成，并且不会产生硫化氢气体。

从 3.3.2 节的分析可知，在高砷烟尘浸出过程中，通过提高浸出体系的氧化还原电位，将溶解进入浸出液中的亚锑酸钠氧化成锑酸钠，锑酸钠在水溶液中发

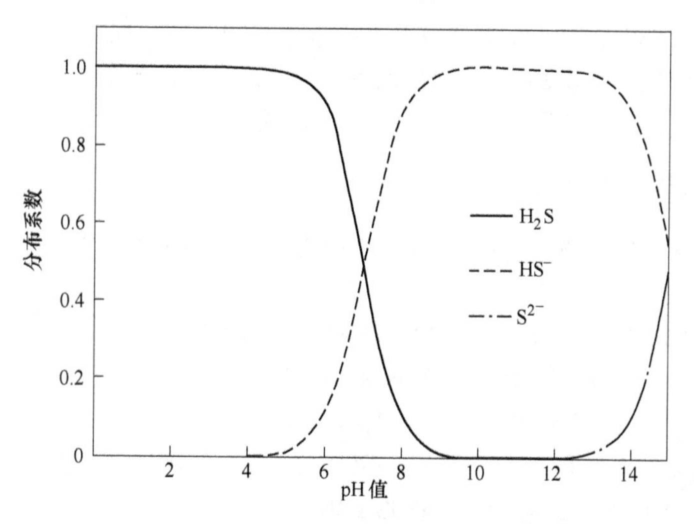

图 3-11 硫在不同 pH 值条件下的分布曲线

生水解生成难溶于水的水合锑酸钠，可以有效地将锑抑制在浸出渣，从而避免锑在碱浸脱砷过程的损失。因此，可以通过选择一种合适的氧化剂来抑制锑的浸出，实现砷的选择性浸出。高砷烟尘样品中含量最高的物相为硫化铅，同时，为了降低两性金属铅和锌在浸出脱砷过程中的损失，向氢氧化钠碱性溶液中引入 S^{2-} 来抑制铅锌的浸出。因此，氧化剂的选择就显得尤为重要，氧化剂必须满足两个条件：所选择的氧化剂必须具备在碱性体系中将锑从三价氧化成五价的能力；所选择的氧化剂在碱性体系中的氧化能力不可以太强，要避免将浸出液中 S^{2-} 与浸出渣中硫化铅和硫化锌氧化。

从以上分析可知，硫黄在碱性溶液中不能够稳定存在，根据文献报道[187]，硫黄在热的碱性溶液中将发生歧化反应：

$$4S + 6NaOH \xlongequal{} 2Na_2S + Na_2S_2O_3 + 3H_2O \tag{3-41}$$

根据文献报道[188,189]，硫黄在碱性体系具有比较强的氧化性，在碱性溶液中硫黄可以将锑从三价氧化成五价。

因此，在高砷烟尘氢氧化钠-硫黄选择性浸砷过程中，加入浸出体系中的硫黄与氢氧化钠在加热的条件下发生反应生成 Na_2S 和 $Na_2S_2O_3$，Na_2S 再与浸出液中游离态的铅和锌发生反应生成难溶于水的硫化铅和硫化锌，如式（3-32）和式（3-33）所示；浸出液中游离态的［PbO_2^{2-}］和［ZnO_2^{2-}］离子浓度的大幅度降低，又促使了式（3-18）、式（3-19）和式（3-21）所示的砷酸铅和砷酸锌的浸出反应的平衡向右移动，促进了砷酸铅和砷酸锌中砷的浸出，提高了砷的浸出率；同时，以硫化铅和硫化锌的形式将铅锌抑制在浸出渣，降低了铅锌在浸出过程中的损失。另一方面，与 NaOH 反应进入浸出液中 Na_3SbO_3 被硫黄氧化成

Na_3SbO_4，Na_3SbO_4在 NaOH 水溶液中发生水解生成 $NaSb(OH)_6$，$NaSb(OH)_6$在 NaOH 水溶液中的溶解度很低，浸出液中溶解的锑最终全部以 $NaSb(OH)_6$的形式全部进入浸出渣中，降低了锑在浸出过程中的损失。

3.3.6 热力学数据及计算

高砷烟尘氢氧化钠-硫黄选择性浸出脱砷过程中可能发生的主要化学反应如下所示：

$$Pb_5(AsO_4)_3OH + 5Na_2S = 5PbS + 3Na_3AsO_4 + NaOH \quad (3\text{-}42)$$

$$Pb_2As_2O_7 + 2Na_2S + 2NaOH = 2PbS + 2Na_3AsO_4 + H_2O \quad (3\text{-}43)$$

$$As_2O_3 + 2NaOH = 2NaAsO_2 + H_2O \quad (3\text{-}44)$$

$$Sb_2O_3 + 18NaOH + 10S = 2NaSb(OH)_6 + 2Na_2S_2O_3 + 3H_2O + 6Na_2S \quad (3\text{-}45)$$

$$Zn_3(AsO_4)_2 + 3Na_2S = 3ZnS + 2Na_3AsO_4 \quad (3\text{-}46)$$

$$As_2S_3 + 4NaOH = Na_3AsS_3 + NaAsO_2 + 2H_2O \quad (3\text{-}47)$$

$$Sb_2O_5 + 2NaOH + 5H_2O = 2NaSb(OH)_6 \quad (3\text{-}48)$$

$$4S + 6NaOH = 2Na_2S + Na_2S_2O_3 + 3H_2O \quad (3\text{-}49)$$

通过查找《兰氏化学手册》[190]《实用无机物热力学数据手册》[191]和《矿物及有关化合物热力学数据手册》[192]等有关热力学数据手册，主要物质的热力学数据见表3-1。

表 3-1 主要物质的热力学数据

物 质	$Pb_5(AsO_4)_3OH$	$Pb_2As_2O_7$	As_2O_3	As_2S_3	$Zn_3(AsO_4)_2$	Na_3AsO_4
$\Delta_f G^{\ominus}_{298}$/kJ·mol^{-1}	-2690.78	-1570.53	-576.26	-168.74	-1738.10	-1435.22
物 质	$NaAsO_2$	Na_3AsS_3	Na_2S	PbS	NaOH	H_2O
$\Delta_f G^{\ominus}_{298}$/kJ·mol^{-1}	-611.91	-1245.63	-438.10	-98.70	-419.20	-237.14
物 质	Sb_2O_3	Sb_2O_5	$NaSb(OH)_6$	$Na_2S_2O_3$	Sb_2O_5	ZnS
$\Delta_f G^{\ominus}_{298}$/kJ·mol^{-1}	-628.50	-829.14	1487.51	-1046.75	-829.86	-201.44

利用表3-1中的热力学数据，按照式（3-2）~式（3-4）计算得到高砷烟尘氢氧化钠-硫黄选择性浸出过程中各反应的标准吉布斯自由能变化 $\Delta_r G^{\ominus}_m$和平衡常数 $K^{\ominus}_P$，计算结果见表3-2。

由表3-2可知，式（3-42）~式（3-48）所代表的反应的 $\Delta_r G^{\ominus}_m$都小于零且各反应的 $K^{\ominus}_P$数值都很大，说明上述各反应在热力学上都是有可能进行的。

通过以上分析可知，采用氢氧化钠-硫黄浸出体系可以实现选择性浸出高砷烟尘中的砷，而将铅、锑、锌、铜和铁等有价元素抑制在浸出渣中。

表 3-2 高砷烟尘浸出过程各反应的热力学计算结果

反应编号	反应式	$\Delta_r G_m^{\ominus}$ /kJ·mol^{-1}	$K_P^{\ominus}$
1	$Pb_5(AsO_4)_3OH + 5Na_2S = 5PbS + 3Na_3AsO_4 + NaOH$	-333.99	3.51×10^{58}
2	$Pb_2As_2O_7 + 2Na_2S + 2NaOH = 2PbS + 2Na_3AsO_4 + H_2O$	-19.85	3.02×10^{3}
3	$As_2O_3 + 2NaOH = 2NaAsO_2 + H_2O$	-46.3	1.31×10^{8}
4	$Sb_2O_3 + 18NaOH + 10S = 2NaSb(OH)_6 + 2Na_2S_2O_3 + 3H_2O + 6Na_2S$	-234.44	1.24×10^{41}
5	$Sb_2O_5 + 2NaOH + 5H_2O = 2NaSb(OH)_6$	-121.78	2.22×10^{21}
6	$Zn_3(AsO_4)_2 + 3Na_2S = 3ZnS + 2Na_3AsO_4$	-422.36	1.08×10^{74}
7	$As_2S_3 + 4NaOH = Na_3AsS_3 + NaAsO_2 + 2H_2O$	-486.28	1.74×10^{85}

3.4 浸出渣中锑和铟的回收

3.4.1 锑的浸出热力学分析

高砷烟尘氢氧化钠-硫黄选择性浸出脱砷浸出渣中存在的物相主要是 PbS 和 $NaSb(OH)_6$，根据实验研究可以推测锑在高砷烟尘碱浸渣中的存在形态主要为水合锑酸钠，以及少量氧化锑。为了详细地探讨碱浸渣硫化钠浸出过程中锑的浸出行为，通过查找相关文献资料[178]，计算并绘制了 298K 下 Sb-S-H_2O 系的 E-pH 图，如图 3-12 所示。

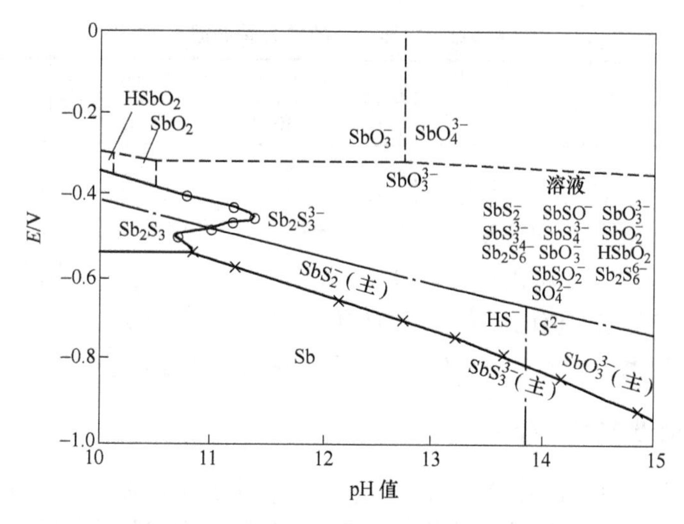

图 3-12 Sb-S-H_2O 系 E-pH 图
（298K、c_{SbT} = 1mol，c_{ST} = 2mol）

因为 Sb 可以与 O^{2-} 和 S^{2-} 形成很多复杂的络阴离子配合物，因此 Sb-S-H_2O

系是一个相当复杂的络合物体系。在图 3-12 所示的锑碱性负电位区域的溶液中，既存在大量的 SbS_2^-、SbS_3^{3-} 和 SbS_4^{3-} 等单一配体的单核络离子，又存在大量的 $Sb_2S_6^{6-}$ 等单一配体的多核络离子，同时还有 $SbSO^-$ 和 $SbSO_2^-$ 等部分氧代位络离子以及 SbO_2^-、SbO_3^{3-} 和 SbO_4^{3-} 等全部氧代位络离子。从图 3-12 可以看出，在溶液相区域和固体相区域之间的平衡线上，随着体系 pH 值的增加，平衡电位向负向移动，溶液中锑络离子的配位数增加。当体系 pH 值小于 13.6 时，溶液中的锑以 SbS_2^- 络离子为主；随着体系 pH 值的增加，溶液中的锑以 SbS_3^{3-} 和 $Sb_2S_6^{6-}$ 络离子为主；进一步提高体系的 pH 值至 14.2 以上，溶液中的锑以 SbO_3^{3-} 络离子为主。当体系电位逐渐升高时，硫代络离子逐渐被氧化为氧代络离子，最后全部被氧化为 SbO_2^-、SbO_3^{3-}、SbO_3^- 或者 SbO_4^{3-} 等络离子。随着体系中 c_{ST} 的增加，固相稳定区域的面积将缩小，而溶液稳定区域的面积将扩大，即体系中 c_{ST} 的增加将有利于锑的浸出。

因此，碱浸渣硫化钠浸出过程结束后，碱浸渣中的水合锑酸钠在硫化钠的作用下转化为硫代锑酸钠，锑以硫代锑酸钠的形式进入浸出液，铅和锌以硫化铅和硫化锌的形式进入硫化钠浸出渣，铜、铁和铟以氧化物的形式进入硫化钠浸出渣，从而可以实现锑的选择性浸出。

高砷烟尘碱浸渣硫化钠浸出过程中可能发生的主要化学反应如下所示：

$$NaSb(OH)_6 + 4Na_2S = Na_3SbS_4 + 6NaOH \quad (3\text{-}50)$$

通过查找相关化合物的热力学数据，主要物质的热力学数据见表 3-3。

表 3-3 主要物质的热力学数据

物 质	$NaSb(OH)_6$	Na_2S	Na_3SbS_4	$NaOH$
$\Delta_f G_{298}^{\ominus}$/kJ · mol^{-1}	-1487.51	-438.10	-821.83	-419.20

利用表 3-3 中的热力学数据，按照式（3-2）~式（3-4）计算得到高砷烟尘碱浸渣硫化钠浸出过程中锑浸出反应的标准吉布斯自由能变化 $\Delta_r G_m^{\ominus}$ 和平衡常数 $K_P^{\ominus}$ 分别为 -97.12kJ/mol 和 1.06×10^{17}，式（3-48）所示的锑浸出反应的 $\Delta_r G_m^{\ominus}$ 小于零，且 $\Delta_r G_m^{\ominus}$ 的绝对值比较大，说明该反应在热力学上容易进行；该浸出反应的平衡常数 $K_P^{\ominus}$ 也比较大，说明在热力学上锑浸出反应可以进行得比较彻底。

3.4.2 铟的浸出热力学分析

硫化钠浸出渣中存在的物相主要为 PbS，根据实验研究可以推测铟在硫化钠浸出渣中的存在形态主要为氧化物。为了详细地探讨在硫化钠浸出渣硫酸浸出过程中铟的浸出行为，通过查找相关文献资料[193]，计算并绘制了 298K 下 In-H_2O 系的 E-pH 图，如图 3-13 所示。

从图 3-13 可以看出，在 In-H_2O 系的 E-pH 图中有 5 个区域，分别为单质 In、

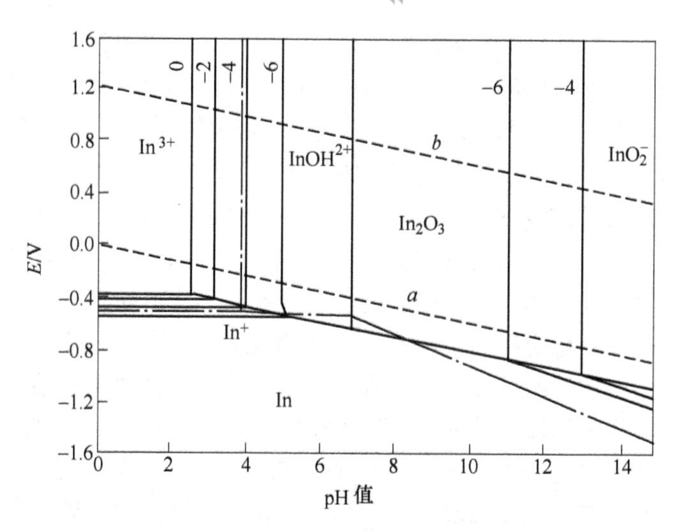

图 3-13 In-H_2O 系 *E*-pH 图

（298K，金属离子的活度等于 1）

In^{3+}、In_2O_3、$InOH^{2+}$ 和 InO_2^- 分布区域。单质铟稳定存在的区域位于 *E*-pH 图的中下部，In 只有在体系电位很低时才能稳定存在，随着体系电位的提高，视体系 pH 值的不同，In 将被氧化为 In^{3+}、In_2O_3、$InOH^{2+}$ 和 InO_2^-。In_2O_3所占区域的面积最大，在碱性条件下铟存在的形态基本上都是 In_2O_3。在强碱性溶液中，还将有 InO_2^- 生成。在 In^{3+} 和 In_2O_3 稳定存在的区域之间是 In^{3+} 水解和 $InOH^{2+}$ 存在的区域。*E*-pH 图的左上部分区域是 In^{3+} 稳定存在的区域，实际溶液中铟的浓度一般来说都比较低，因此 In^{3+} 稳定存在的区域也将向右和向下扩展。含铟原料的浸出过程就是创造条件使原料中的铟和氧化铟进入 In^{3+} 稳定存在的区域，从图中 In^{3+} 稳定存在的区域可以看出，采用酸性浸出体系且控制一定的酸度即可以实现含铟原料中铟的浸出。

因此，硫化钠浸出渣硫酸浸出过程结束后，高铟渣中的氧化铟与硫酸发生化学反应生成硫酸铟进入浸出液，少量的铜铁氧化物被溶解进入浸出液，高铟渣中的硫化铅和硫化锌基本上都进入硫酸浸出渣，从而可以实现铟的回收。

硫化钠浸出渣硫酸浸出过程中可能发生的主要化学反应如下所示：

$$In_2O_3 + 3H_2SO_4 = In_2(SO_4)_3 + 3H_2O \tag{3-51}$$

通过查找相关化合物的热力学数据，主要物质的热力学数据见表 3-4。

表 3-4 主要物质的热力学数据

物 质	In_2O_3	H_2SO_4	$In_2(SO_4)_3$	H_2O
$\Delta_f G_{298}^{\ominus}$/kJ · mol^{-1}	−831.33	−690.56	−2441.02	−237.14

利用表3-4中的热力学数据，按照式（3-2）~式（3-4）计算得到高铟渣硫酸浸出过程中铟浸出反应的标准吉布斯自由能变化 $\Delta_r G_m^{\ominus}$ 和平衡常数 $K_P^{\ominus}$ 分别为 -250.05kJ/mol 和 6.79×10^{43}，式（3-51）所示的铟浸出反应的 $\Delta_r G_m^{\ominus}$ 小于零，且 $\Delta_r G_m^{\ominus}$ 的绝对值比较大，说明该反应在热力学上容易进行；该浸出反应的平衡常数 $K_P^{\ominus}$ 也比较大，说明在热力学上铟浸出反应可以进行得比较彻底。

本章通过热力学计算和绘制相关金属的 Me-H_2O 系和 Me-S-H_2O 系 E-pH 图并进行分析，探索砷、锑、铅、锌、铜、铁和硫等元素不同形态化合物或者离子相互平衡的情况及其稳定存在的形态，在氢氧化钠-硫黄浸出过程中，砷以砷酸钠、亚砷酸钠和硫代砷酸钠的形态进入浸出液，锑以水合锑酸钠的形态进入浸出渣，铅和锌以硫化铅和硫化锌的形式进入浸出渣，铜和铁以氧化物的形式进入浸出渣；在硫化钠浸出过程中，锑以硫代锑酸钠的形式进入浸出液，铅和锌以硫化铅和硫化锌的形式进入硫化钠浸出渣，铜、铁和铟以氧化物的形式进入硫化钠浸出渣，从而可以实现锑的选择性浸出；在硫酸浸出实验中，铟以硫酸铟的形式进入浸出液，少量的铜铁氧化物被溶解进入浸出液，硫化钠浸出渣中的硫化铅和硫化锌基本上都进入硫酸浸出渣。

4 高砷烟尘选择性浸出脱砷研究

4.1 引言

从第 2 章的高砷烟尘化学成分和物相分析可知，高砷烟尘中砷的含量比较高，且砷的分布比较分散，既有硫化物（硫化砷）和氧化物（As_2O_3），又有砷酸盐（$Pb_5(AsO_4)_3OH$、$Pb_3As_2O_8$），成分相当复杂。

选择性浸砷的原理是基于高砷烟尘中存在的各元素在碱性浸出剂中溶解性的差异，通过控制合适的浸出条件，使高砷烟尘中的含砷物相尽可能的完成解离，砷以可溶性的物相进入浸出液，而其他元素以不溶性的物相进入浸出渣，从而实现高砷烟尘中砷的选择性浸出。采用氢氧化钠-硫黄浸出体系可以选择性地浸出高砷烟尘中的砷，而将铅锑锌等有价金属抑制在浸出渣中，从而实现高砷烟尘中砷与铅锑锌等的有效分离。同时，利用不同价态砷在高碱度溶液中溶解度的差异，对碱浸液进行氧化—冷却结晶处理，回收砷酸钠产品后的结晶母液可以返回高砷烟尘的浸出，既利用了碱浸液中的游离碱，又避免了含砷废水的产生及后续处理，实现了闭路循环。

本章研究采用氢氧化钠-硫黄选择性浸出工艺处理高砷烟尘，在第 3 章高砷烟尘浸出热力学分析的基础上，考察初始氢氧化钠浓度、硫黄用量、浸出温度、浸出时间、液固比和硫黄粒度等因素对浸出过程砷、锑、铅、锌和锡等元素浸出率的影响，对浸出过程进行优化实验研究，确定适宜的浸出条件，研究浸出过程的动力学行为并寻找提高砷浸出率的有效措施；碱浸液采用氧化-冷却结晶回收砷酸钠，结晶母液返回高砷烟尘的浸出，考察了循环浸出次数对砷、锑、铅、锌和锡等元素浸出率的影响，以及硫黄在浸出过程中的转化行为。

4.2 高砷烟尘氢氧化钠浸出工艺研究

4.2.1 氢氧化钠浓度对浸出率的影响

在高砷烟尘为 60g、浸出温度为 80℃、浸出时间为 2h、液固比为 6:1、搅拌速度为 400r/min 的条件下，考察了氢氧化钠浓度分别为 1.0mol/L、1.5mol/L、2.0mol/L、3.0mol/L、4.0mol/L 和 6.0mol/L 时对浸出过程各金属浸出率（质量分数）的影响，实验结果如图 4-1 所示。

由图 4-1 可知，随着氢氧化钠浓度的增加，各金属元素浸出率均逐渐增加。当氢氧化钠浓度从 1.0mol/L 增加至 1.5mol/L 时，锌浸出率从 1.83% 迅速增加至

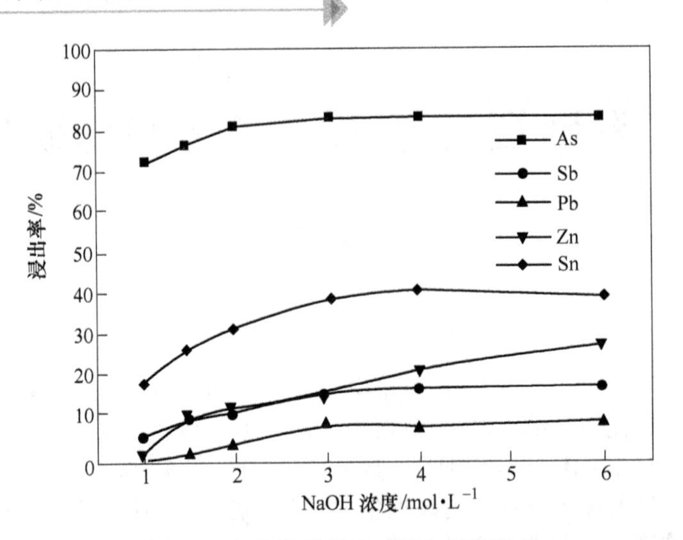

图 4-1 氢氧化钠浓度对浸出率的影响

11.56%，氢氧化钠浓度继续增加，锌浸出率呈近似线性增加，当氢氧化钠浓度增加至6mol/L时，锌浸出率达到27.94%；砷、锑、铅、锡的浸出率随着氢氧化钠浓度的增加，呈现先增加然后保持基本不变的变化趋势，氢氧化钠浓度从1.0mol/L增加至3.0mol/L时，砷、锑、铅、锡的浸出率分别从72.27%、5.61%、0.31%和19.72%增加至83.35%、17.32%、9.72%和40.47%，继续增加氢氧化钠浓度，砷、锑、铅、锡的浸出率基本保持不变。在氢氧化钠溶液中，Pb（Ⅱ）、Sb（Ⅲ）和Zn（Ⅱ）可分别以$Pb(OH)_x^{2-x}$、$Sb(OH)_y^{3-y}$和$Zn(OH)_z^{2-z}$等离子的形式溶解进入溶液中，且它们的溶解度随着氢氧化钠浓度的增加而逐渐增加[194~196]，因此，随着氢氧化钠浓度的增加，浸出液中溶解的铅锑锌离子的浓度逐渐增加，导致铅锑锌的浸出率逐渐增加。铅锌砷酸盐的溶度积很小（如$K_{sp(Pb_3(AsO_4)_2)}=4.0\times10^{-36}$，$K_{sp(Zn_3(AsO_4)_2)}=2.8\times10^{-28}$），随着氢氧化钠浓度的增加，浸出液中铅、锌离子的浓度逐渐增加，浸出液中的铅、锌离子将与砷酸根离子发生反应转化成为难溶的砷酸盐，抑制了砷浸出率的进一步提高。另外，由于碱浓度的增加会使溶液变得黏稠，进而使矿浆的过滤性能变差[197]。因此，综合考虑提高砷的浸出率和降低其余有价金属的损失，同时兼顾浸出液的过滤性能，选择氢氧化钠浓度为3.0mol/L比较合适。高砷烟尘氢氧化钠浸出脱砷过程中可能发生的主要化学反应如式（4-1）~式（4-6）所示：

$$As_2O_3+2OH^-=\!=\!=2AsO_2^-+H_2O \tag{4-1}$$

$$Pb_2As_2O_7+6OH^-=\!=\!=2AsO_4^{3-}+2Pb(OH)_2+H_2O \tag{4-2}$$

$$Pb_5(AsO_4)_3OH+9OH^-=\!=\!=3AsO_4^{3-}+5Pb(OH)_2 \tag{4-3}$$

$$Pb(OH)_2+(x-2)OH^-=\!=\!=Pb(OH)_x^{2-x} \tag{4-4}$$

$$Sb_2O_3 + 2(y-3)OH^- + 3H_2O = 2Sb(OH)_y^{3-y} \quad (x, y = 1 \sim 4) \tag{4-5}$$

$$Sb_2O_5 + 5H_2O + 2NaOH = 2NaSb(OH)_6 \tag{4-6}$$

4.2.2 浸出温度对浸出率的影响

在高砷烟尘为60g、氢氧化钠浓度为3.0mol/L、浸出时间为2h、液固体积质量比为6∶1、搅拌速度为400r/min的条件下，考察了浸出温度分别为50℃、60℃、70℃、80℃、90℃和100℃时对浸出过程各金属浸出率（质量分数）的影响，实验结果如图4-2所示。

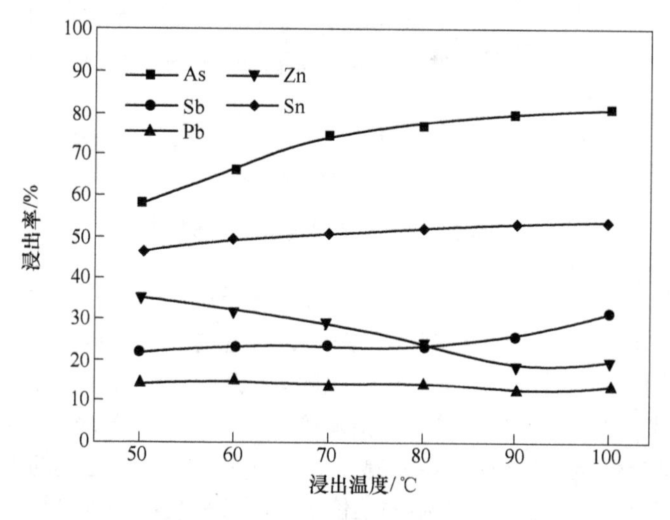

图4-2 浸出温度对浸出率的影响

由图4-2可知，在考察的浸出温度范围内，铅的浸出率变化不明显，大致在13%左右；锡的浸出率随着温度的增加略有增加，之后保持不变；砷和锑的浸出率随着温度的增加而增加；而锌的浸出率却随着温度的升高而逐渐降低。在90℃之前，砷的浸出率由58.16%快速增加至79.98%，这是由于砷在氢氧化钠溶液中的溶解度随着温度的增加而增加[198]；在90℃之后，砷的浸出率趋于平缓。在80℃之前，锑的浸出率在23%左右波动；当反应温度从80℃提高至90℃时，锑的浸出率由23.45%增加至25.50%，在90℃之后，锑的浸出率快速增加至31.50%，这个现象说明高温利于三氧化二锑在氢氧化钠溶液中的溶解。为确保较高的砷浸出率和较低的能耗，浸出温度选择90℃比较合适。

4.2.3 浸出时间对浸出率的影响

在高砷烟尘为60g、氢氧化钠浓度为3.0mol/L、浸出温度为90℃、液固体积质量比为6∶1、搅拌速度为400r/min的条件下，考察了浸出时间分别为0.5h、

1.0h、1.5h、2.0h、3.0h、4.0h 和 5.0h 时对浸出过程各金属浸出率（质量分数）的影响，实验结果如图 4-3 所示。

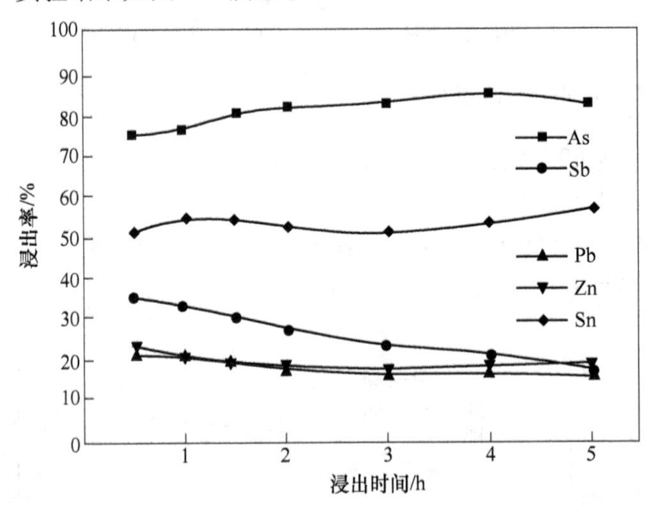

图 4-3 浸出时间对浸出率的影响

由图 4-3 可知，锡的浸出率随着浸出时间的延长基本在 50% 左右波动；铅和锌的浸出率在 0.5h 时分别达到 20% 和 23%，随着浸出时间延长至 2h，铅和锌的浸出率均有降低，分别为 17% 和 18%，继续延长浸出时间，铅锌的浸出率基本保持不变；锑在浸出时间为 0.5h 时浸出率为 34.83%，随着浸出时间延长至 5h，锑浸出率逐渐降低至 17.16%，说明锑在短时间内就能溶解在热的氢氧化钠溶液中，然而随着时间的延长，溶液中的三价锑逐渐被氧化成的五价锑，五价锑水解产生锑酸钠沉淀，降低了锑的浸出率；砷的浸出率则随着浸出时间的延长先逐渐增大然后基本保持不变，浸出时间为 0.5h 时，砷的浸出率为 74.99%，浸出时间延长至 2h 时，砷的浸出率增加至 82.17%，继续延长时间至 4h，砷的浸出率达到最大 86.13%。在确保较高的砷浸出率和较低的有价金属损失条件下，综合考虑能耗、产能等因素，反应时间选择 2h 比较合适。

4.2.4 液固比对浸出率的影响

在高砷烟尘为 60g、氢氧化钠浓度为 3.0mol/L、浸出温度为 90℃、浸出时间为 2.0h、搅拌速度为 400r/min 的条件下，考察了液固体积质量比分别为 3、4、5、6、8 和 10 时对浸出过程各金属浸出率（质量分数）的影响，实验结果如图 4-4 所示。

由图 4-4 可知，随着液固比的增加，各金属元素的浸出率均逐渐增加。在液固比为 3 时，砷、锑、铅、锌、锡的浸出率分别为 70.47%、9.61%、1.41%、10.75% 和 33.55%，液固比增加至 8 时，砷、锑、铅、锌、锡的浸出率分别达到

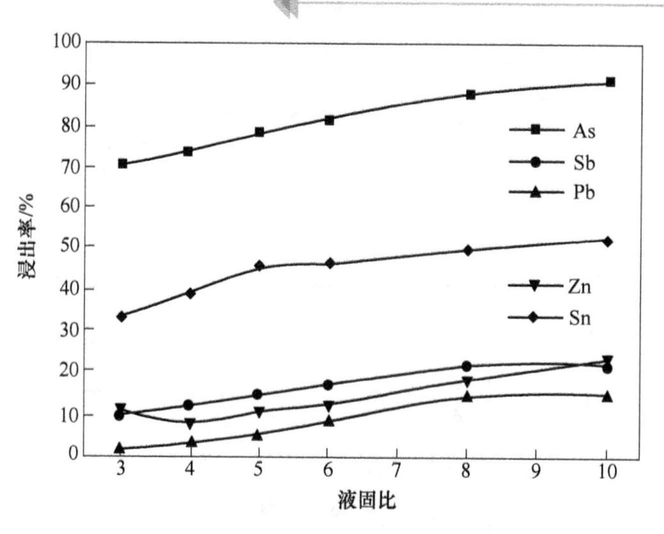

图 4-4 液固比对浸出率的影响

88.92%、22.80%、15.27%、18.63%和50.20%，继续增大液固比至10，铅和锑的浸出率基本保持不变，砷、锌、锡的浸出率均略有增加。因为浸出剂中氢氧化钠的浓度是保持不变（3.0mol/L），随着液固比的增加，氢氧化钠的量逐渐增加，浸出反应达到平衡时浸出体系中浸出剂氢氧化钠浓度的浓度增加，进而促进了各金属元素的浸出；同时，液固比的增加，降低了矿浆密度，增大了浸出剂与烟灰的接触面积，传质过程得以强化，进而促进各金属元素的浸出。显然，液固比的增加可以促进砷的浸出，但是其他有价金属元素的浸出率也迅速提高，这不利于砷与其他有价金属的选择性分离。另外，过高的液固比将导致生产能力的降低和能耗的增加。综合考虑，液固体积质量比选择6.0比较合适。

4.2.5 搅拌速度对浸出率的影响

在高砷烟尘为60g、氢氧化钠浓度为3.0mol/L、浸出温度为90℃、液固体积质量比为6:1、浸出时间度为2.0h的条件下，考察了搅拌速度分别为200r/min、250r/min、300r/min、350r/min、400r/min和500r/min时对浸出过程各金属浸出率（质量分数）的影响，实验结果如图4-5所示。

从图4-5可知，随着搅拌速度的增加，铅、锡的浸出率没有明显的变化，锡的浸出率在40.62%~41.36%之间波动，铅的浸出率在8.15%~8.27%之间波动。随着搅拌速度的增加，砷和锌的浸出率逐渐增加，而锑的浸出率却逐渐降低。当搅拌速度从200r/min增加至500r/min时，砷的浸出率由80.26%缓慢增加至83.18%；锌的浸出率首先由10.64%增加到13.46%，然后稳定在13%左右；锑的浸出率由18.56%降低至12.51%。当搅拌速度较低时，有部分高砷烟尘沉积在烧瓶的底部，导致浸出剂与高砷烟尘的混合不够充分，影响高砷烟尘中各元素

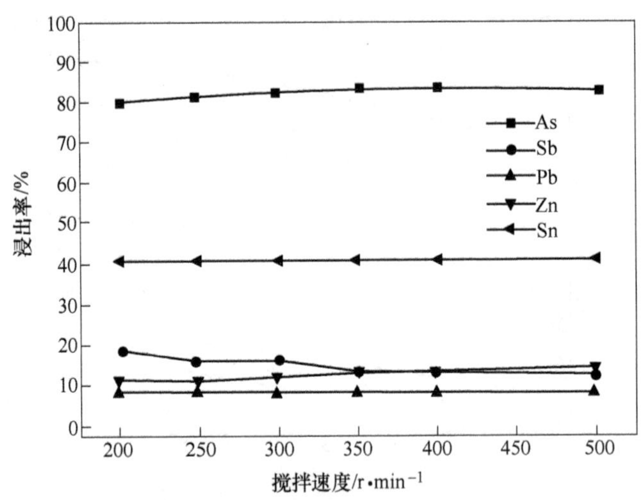

图 4-5 搅拌速度对浸出率的影响

的浸出。随着搅拌速度的增加，浸出液与空气的接触增加，更多的空气进入浸出液中，将浸出液中的可溶性锑氧化为不溶性的焦锑酸钠进入浸出渣，导致锑浸出率的逐渐降低。因此，需要控制合适的搅拌速度，确保高砷烟尘在浸出体系中呈悬浮状态均匀分散在浸出剂中，强化颗粒表层的传质传热过程。综合考虑，搅拌速度选择 400r/min 比较合适。

4.2.6 添加剂的影响

通过以上的实验发现，以纯氢氧化钠溶液作为浸出剂时，浸出过程优化工艺条件为：高砷烟尘为 60g、氢氧化钠浓度为 3.0mol/L、反应温度为 90℃、液固体积质量比为 6∶1、浸出时间度为 2.0h、搅拌速度为 400r/min。在优化条件下，砷的浸出率为 82.27%，同时铅、锑、锌等元素也被大量浸出，这不利于砷与有价金属元素的有效分离。由文献［199］可知，S^{2-} 能够高效抑制重金属离子的浸出。为了实现高效选择性浸出砷，实验探索了不同含硫添加剂对各金属浸出率的影响。在氢氧化钠浸出体系最佳条件的基础上，分别考察了硫化钠和硫黄对各金属浸出率的影响，实验结果见表 4-1。

表 4-1 加入添加剂的浸出实验结果

实验编号	浸出体系	添加剂/g		各金属浸出率/%				
		Na_2S	硫黄	As	Sb	Pb	Zn	Sn
1	NaOH	—	—	82.27	16.85	8.06	11.76	46.07
2	NaOH + Na_2S	14	—	92.28	15.70	0.34	8.78	45.65
3	NaOH + 硫黄	—	7.5	97.11	5.38	0.02	0.26	43.58

由表4-1可知，添加剂Na_2S、硫黄的加入都能明显抑制Pb、Zn的浸出，Na_2S的加入对锑的浸出影响不大，硫黄则可以很好地抑制锑的浸出。对不同浸出体系的浸出渣进行了XRD分析，各浸出渣XRD分析图谱如图4-6所示。对比图4-6（a）和高砷烟尘原料XRD图谱（见图2-1）可以发现，氢氧化钠体系浸出渣中As_2O_3、$Pb_2As_2O_7$和Sb_2O_5的峰全部消失，水合锑酸钠（$NaSb(OH)_6$）的峰出现。说明在纯氢氧化钠体系浸出过程中，砷的浸出率不能达到很高的原因是烟尘中的$Pb_5(AsO_4)_3OH$难以被浸出。由图4-6（b）可知，NaOH-Na_2S混合浸出渣中没有砷的化合物相存在，结合表4-1的结果可知，硫化钠的加入促进了以$Pb_5(AsO_4)_3OH$物相存在的砷的溶出，从而提高了砷的浸出率。由图4-6（c）可知，NaOH-S混合浸出渣中只有PbS和$NaSb(OH)_6$两个物相的峰存在，结合表4-1的结果可知，硫黄的加入不仅可以有效地促进砷的浸出，而且可以抑制Pb和Zn的浸出；同时，由于硫黄的加入，锑的浸出率从NaOH体系和NaOH-Na_2S

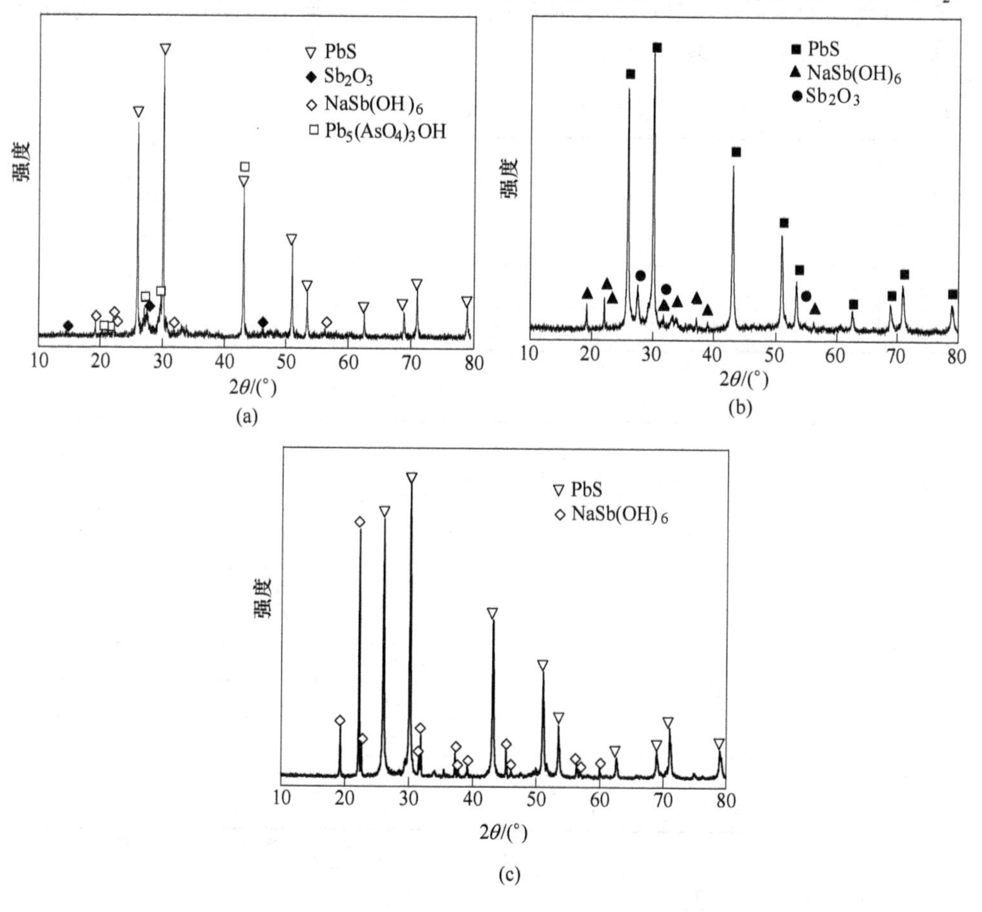

图4-6 浸出渣XRD图谱

（a）NaOH体系；（b）NaOH-Na_2S体系；（c）NaOH-S体系

混合体系的16.85%和15.70%降至5.38%，有效地抑制了锑的浸出。

综上所述，NaOH-S浸出体系相对NaOH-Na_2S和NaOH体系更优，可以更高效选择性的将高砷烟尘中的砷浸出。因此，有必要对NaOH-S体系选择性从高砷烟尘中脱砷进行系统性的研究。

4.3 高砷烟尘氢氧化钠-硫黄浸出正交实验研究

4.3.1 正交实验设计

根据相关实验和理论分析可知，对高砷烟尘氢氧化钠-硫黄浸出过程中各金属浸出率的影响最大的3个主要因素是氢氧化钠浓度、硫黄用量和浸出温度，对每个因素分别取3个水平做实验，因素与水平表见表4-2。不考虑浸出实验过程中各因素之间的相互作用，选择$L_9(3^4)$正交实验设计表，实验的设计见表4-3。其他实验条件为：高砷烟尘为60g、液固比（高砷烟尘质量与氢氧化钠溶液体积之比）为5:1、浸出时间为2h、搅拌速度为400r/min。

表4-2 因素与水平

水平	因素		
	A 氢氧化钠浓度/mol·L^{-1}	B 硫黄用量/g	C 浸出温度/℃
1	$A_1=2$	$B_1=1$	$C_1=98$
2	$A_2=3$	$B_2=3$	$C_2=90$
3	$A_3=5$	$B_3=5$	$C_3=70$

表4-3 L9（3^4）正交实验设计

列　号	1	2	3	4
实验号	A 氢氧化钠浓度/mol·L^{-1}	B 硫黄用量/g	C 浸出温度/℃	空白列
1	1(2)	1(1)	1(98)	1
2	1	2(3)	2(90)	2
3	1	3(5)	3(70)	3
4	2(3)	1	2	3
5	2	2	3	1
6	2	3	1	2
7	3(5)	1	3	2
8	3	2	1	3
9	3	3	2	1

4.3.2 正交实验结果及讨论

高砷烟尘氢氧化钠-硫黄浸出的三因素三水平正交实验的结果见表4-4～表

4-8。表4-4～表4-8中 T_1、T_2 和 T_3 所在行的数据分别为各因素在同一水平下的浸出率之和，均值 T_1、均值 T_2 和均值 T_3 表示的是各因素在每一个水平下的平均浸出率，R 是均值 T_1、均值 T_2 和均值 T_3 各列3个数据的极差，反映的是正交实验中各因素的重要程度。

表4-4 砷的正交实验结果

实验号	因素			
	A 氢氧化钠浓度/mol·L^{-1}	B 硫黄用量/g	C 浸出温度/℃	实验结果 y 砷浸出率/%
1	1(2)	1(1)	1(98)	81.28
2	1	2(3)	2(90)	75.82
3	1	3(5)	3(70)	63.56
4	2(3)	1	2	86.89
5	2	2	3	81.64
6	2	3	1	99.14
7	3(5)	1	3	63.31
8	3	2	1	94.35
9	3	3	2	83.27
T_1	220.66	231.48	274.77	
T_2	267.67	251.81	245.98	
T_3	240.93	245.97	208.51	
均值 T_1	73.55	77.16	91.59	
均值 T_2	89.22	83.94	81.99	
均值 T_3	80.31	81.99	69.50	
R	15.67	6.78	22.09	

表4-5 锑的正交实验结果

实验号	因素			
	A 氢氧化钠浓度/mol·L^{-1}	B 硫黄用量/g	C 浸出温度/℃	实验结果 y 锑浸出率/%
1	1(2)	1(1)	1(98)	11.07
2	1	2(3)	2(90)	11.66
3	1	3(5)	3(70)	12.71
4	2(3)	1	2	10.07
5	2	2	3	9.85
6	2	3	1	1.88
7	3(5)	1	3	14.55
8	3	2	1	30.81

续表 4-5

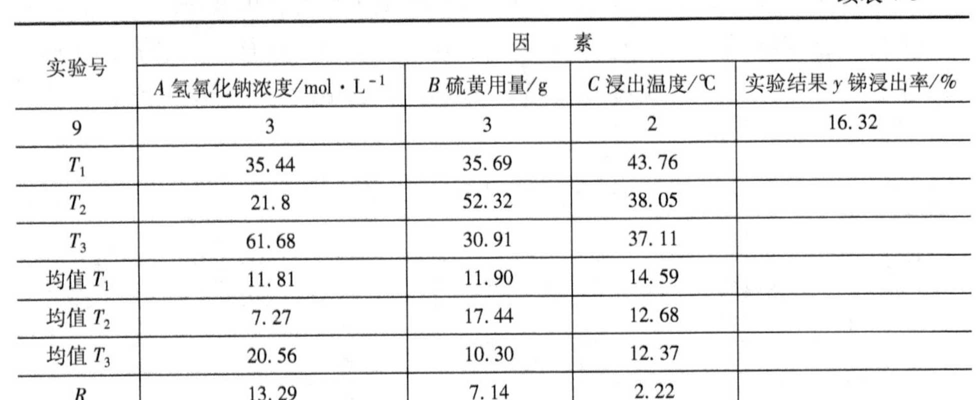

实验号	因素			
	A 氢氧化钠浓度/mol·L^{-1}	B 硫黄用量/g	C 浸出温度/℃	实验结果 y 锑浸出率/%
9	3	3	2	16.32
T_1	35.44	35.69	43.76	
T_2	21.8	52.32	38.05	
T_3	61.68	30.91	37.11	
均值 T_1	11.81	11.90	14.59	
均值 T_2	7.27	17.44	12.68	
均值 T_3	20.56	10.30	12.37	
R	13.29	7.14	2.22	

表 4-6 铅的正交实验结果

实验号	因素			
	A 氢氧化钠浓度/mol·L^{-1}	B 硫黄用量/g	C 浸出温度/℃	实验结果 y 铅浸出率/%
1	1(2)	1(1)	1(98)	1.19
2	1	2(3)	2(90)	0.93
3	1	3(5)	3(70)	1.45
4	2(3)	1	2	1.69
5	2	2	3	2.55
6	2	3	1	0.12
7	3(5)	1	3	6.32
8	3	2	1	0.11
9	3	3	2	0.06
T_1	3.57	9.2	1.42	
T_2	4.36	3.59	2.68	
T_3	6.49	1.63	10.32	
均值 T_1	1.19	3.07	0.47	
均值 T_2	1.45	1.20	0.89	
均值 T_3	2.16	0.54	3.44	
R	0.97	2.52	2.97	

表 4-7 锌的正交实验结果

实验号	因素			
	A 氢氧化钠浓度/mol·L^{-1}	B 硫黄用量/g	C 浸出温度/℃	实验结果 y 锌浸出率/%
1	1(2)	1(1)	1(98)	7.66
2	1	2(3)	2(90)	12.28
3	1	3(5)	3(70)	20.41

续表 4-7

实验号	因素			
	A 氢氧化钠浓度/mol·L^{-1}	B 硫黄用量/g	C 浸出温度/℃	实验结果 y 锌浸出率/%
4	2(3)	1	2	15.33
5	2	2	3	25.91
6	2	3	1	0.45
7	3(5)	1	3	41.2
8	3	2	1	31.76
9	3	3	2	16.4
T_1	40.35	64.19	39.87	
T_2	41.69	69.95	44.01	
T_3	89.36	37.26	87.52	
均值 T_1	13.45	21.40	13.29	
均值 T_2	13.90	23.32	14.67	
均值 T_3	29.79	12.42	29.17	
R	16.34	10.90	15.88	

表 4-8 锡的正交实验结果

实验号	因素			
	A 氢氧化钠浓度/mol·L^{-1}	B 硫黄用量/g	C 浸出温度/℃	实验结果 y 锡浸出率/%
1	1(2)	1(1)	1(98)	40.43
2	1	2(3)	2(90)	30.73
3	1	3(5)	3(70)	33.52
4	2(3)	1	2	49.84
5	2	2	3	51.91
6	2	3	1	49.69
7	3(5)	1	3	54.47
8	3	2	1	56.05
9	3	3	2	56.97
T_1	104.68	144.74	146.17	
T_2	151.44	138.69	137.54	
T_3	167.49	140.18	139.9	
均值 T_1	34.89	48.25	48.72	
均值 T_2	50.48	46.23	45.85	
均值 T_3	55.83	46.73	46.63	
R	20.94	2.02	2.88	

高砷烟尘氢氧化钠-硫黄选择性浸出脱砷的目的为：一方面要实现较高的砷的浸出率，使高砷烟尘中的砷尽可能多地转移进入浸出液中；另一方面，要避免高砷烟尘中其他有价金属的浸出，使其他有价金属尽可能多地进入浸出渣中。从表4-4～表4-8可知，在正交浸出实验过程中，砷浸出率最高的为第6号实验$A_2B_3C_1$，为99.14%；锑浸出率最低的为第6号实验$A_2B_3C_1$，为1.88%；铅浸出率最低的为第9号实验$A_3B_3C_2$，为0.06%；锌浸出率最低的为第6号实验$A_2B_3C_1$，为0.45%；锡浸出率最低的为第2号实验$A_1B_2C_2$，为30.73%。在第6号实验$A_2B_3C_1$中砷浸出率达到了最高值，锑和锌的浸出率达到了最低值，铅的浸出率（0.12%）与最低值（0.06%）很接近，锡的浸出率（49.69%）虽然没有达到最低值，但是锡在高砷烟尘中的含量相对较低（2.30%），其影响是最低的。因此，综合考虑可认为第6号实验是相对较优的方案，在确保较高的砷浸出率时，高砷烟尘中含量较高的锑、铅、锌等有价金属都被抑制在浸出渣中。

在正交实验中氢氧化钠浓度、硫黄用量和浸出温度等三个因素对砷、锑、铅、锌和锡的浸出率的影响趋势如图4-7所示。

从表4-4～表4-8及图4-7中可以看出：

（1）对砷的浸出率影响最大的是浸出温度，其次是氢氧化钠浓度和硫黄的用量；砷浸出率随着氢氧化钠浓度和硫黄用量的增加先增加后降低，随着浸出温度的增加而快速增加；各因素平均砷浸出率最高的最佳水平组合为$A_2B_2C_1$。

（2）对锑的浸出率影响最大的是氢氧化钠浓度，其次是硫黄用量和浸出温度；锑浸出率随着氢氧化钠浓度的增加先降低后增加，随着硫黄用量的增加先增加然后降低，随着浸出温度的增加而增加；各因素平均锑浸出率最低的最佳水平组合为$A_2B_3C_3$。

（3）对铅的浸出率影响最大的是浸出温度，其次是硫黄用量和氢氧化钠浓度；铅浸出率随着氢氧化钠浓度的增加而增加，随着硫黄用量和浸出温度的增加而降低；各因素平均铅浸出率最低的最佳水平组合为$A_1B_3C_1$。

（4）对锌的浸出率影响最大的是氢氧化钠浓度，其次是浸出温度和硫黄用量；锌浸出率随着氢氧化钠浓度的增加而增加，随着硫黄用量的增加先增加后降低，随着浸出温度的增加而降低；各因素平均锌浸出率最低的最佳水平组合为$A_1B_3C_1$。

（5）对锡的浸出率影响最大的是氢氧化钠浓度，其次是浸出温度和硫黄用量；锡浸出率随着氢氧化钠浓度的增加而增加，随着硫黄用量的增加而降低，随着浸出温度的增加而增加；各因素平均锡浸出率最低的最佳水平组合为$A_1B_2C_2$。

总的来说，随着氢氧化钠浓度的降低及硫黄用量和浸出温度的增加，铅、锑、锌和锡等有价金属元素的平均浸出率都有所降低。因此，选择适宜的氢氧化钠浓度、硫黄用量和浸出温度，可以实现高砷烟尘中砷的选择性浸出，而将其他

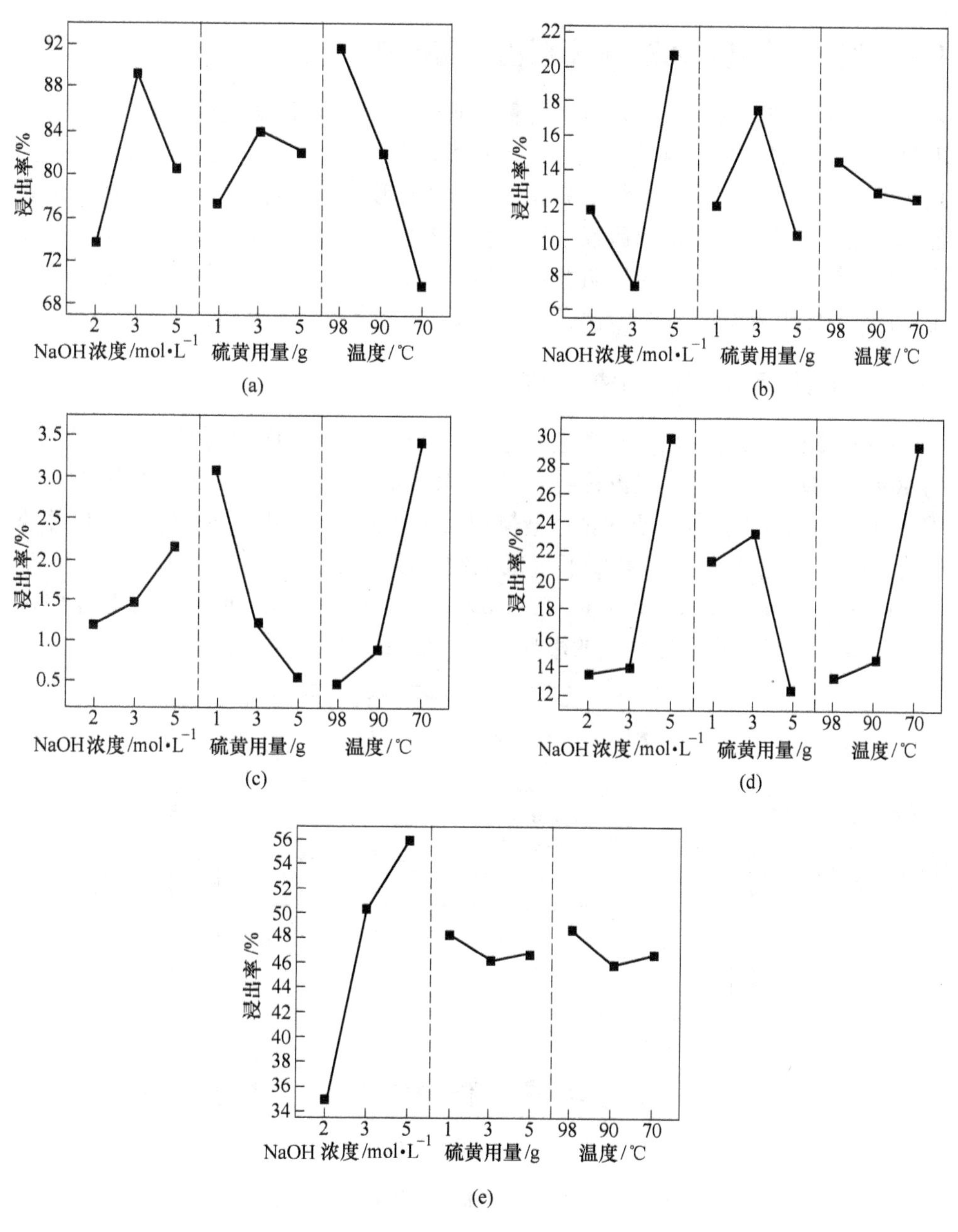

图4-7　因素水平趋势图

(a) As；(b) Sb；(c) Pb；(d) Zn；(e) Sn

有价金属抑制在浸出渣中。

通过前面的分析可知，理论上最佳的因素组合为$A_2B_3C_1$，即最佳的浸出条件为：氢氧化钠浓度3.0mol/L、硫黄用量5.0g、浸出温度98℃。

4.4 高砷烟尘氢氧化钠-硫黄浸出工艺研究

从 4.3 节的正交实验结果可知氢氧化钠-硫黄浸出可以实现砷的选择性脱除，但是正交实验只考虑了氢氧化钠浓度、硫黄用量和浸出温度等三个因素的影响，且实验水平数也较少，实验结果只能作为选择性浸出的参考。因此，在正交实验的基础上，开展了详尽的单因素条件实验，考察了氢氧化钠浓度、硫黄用量、浸出温度、浸出时间、液固比和硫黄粒度等因素对浸出过程砷、锑、铅、锌和锡浸出率的影响，以确定适宜的浸出条件。

4.4.1 初始氢氧化钠浓度对浸出率的影响

一般来说，碱性浸出过程中氢氧化钠浓度是最重要的影响因素。在高砷烟尘为 40g、硫黄用量为 4g、硫黄粒度小于 0.246mm（60 目）、浸出温度为 95℃、液固比（高砷烟尘质量与氢氧化钠溶液体积之比）为 8:1、浸出时间为 2h、搅拌速度为 400r/min 的条件下，考察了氢氧化钠浓度比分别为 1.0mol/L、1.5mol/L、2.0mol/L、2.5mol/L、3.0mol/L、3.5mol/L、4.0mol/L 和 5.0mol/L 时对浸出过程各金属浸出率（质量分数）的影响，实验结果如图 4-8 所示。

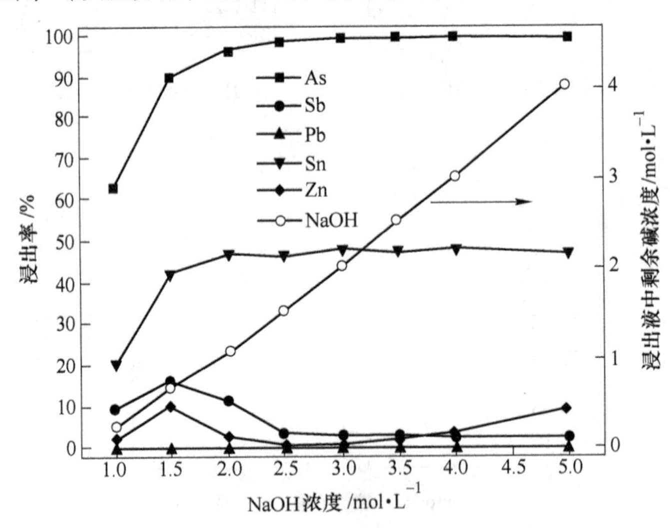

图 4-8 初始 NaOH 浓度对浸出率的影响

由图 4-8 可知：

（1）随着初始氢氧化钠浓度的增加，浸出终止后浸出液中残留的氢氧化钠浓度呈近似线性增加。高砷烟尘浸出过程消耗的氢氧化钠随着初始氢氧化钠浓度的增加先增加然后维持不变，当初始氢氧化钠浓度在 3.0mol/L 以前，高砷烟尘浸出前后浸出液中氢氧化钠的浓度差从 0.765mol/L 增加至 1.0mol/L；继续增加初始氢氧化钠的浓度，浸出前后浸出液中氢氧化钠的浓度差维持在1.0mol/L左右。浸出前后浸出液中氢氧化钠浓度差的变化趋势与砷浸出率的变化趋势一致，随着高砷烟尘中砷浸出反应的进行，氢氧化钠的消耗量逐渐增加，当氢氧化钠浓度差不再增加时，也就意味着浸出反应基本上达到了平衡。

（2）砷、锡的浸出率随着初始氢氧化钠浓度的增加先增加然后趋于稳定，氢氧化钠浓度在1.0～3.0mol/L范围内时，砷、锡的浸出率分别从63.2%和20.3%增加至99.28%和47.64%，进一步增加初始氢氧化钠的浓度，砷、锡浸出率的增加可以忽略。铅的浸出率随着初始氢氧化钠浓度的增加而降低，铅浸出率从0.18%降低至0.04%。硫黄在热的氢氧化钠溶液中发生歧化反应生成S^{2-}和$S_2O_3^{2-}$（见式（4-11）），S^{2-}与溶液中的PbO_2^{2-}反应生成PbS沉淀，降低了溶液中Na_2PbO_2的浓度，而砷酸铅的溶解是可逆反应，浸出液中Na_2PbO_2浓度的降低促进了高砷烟尘中砷酸铅的溶解（见式（4-7）和式（4-8）），提高了砷的浸出率。

（3）锑的浸出率随着初始氢氧化钠浓度的增加先增加后降低，锑浸出率先由9.55%增加至16.66%，然后逐渐降低至2.34%。三氧化二锑微溶于氢氧化钠溶液，随着初始氢氧化钠浓度的增加，Sb_2O_3与氢氧化钠反应生成可溶于水的亚锑酸钠，因此，锑浸出率增加。当浸出液中同时存在硫黄和Na_2S时，硫黄将与溶液中的Na_2S发生反应生成多硫化钠（比如Na_2S_2，见式（4-15）），在Na_2S_2和硫黄的共同作用下，浸出液中的Na_3SbO_3被氧化成Na_3SbS_4（见式（4-16）），随后Na_3SbS_4在强碱性溶液中发生水解生成不溶于碱的$NaSb(OH)_6$沉淀（见式（4-17）），导致锑浸出率随着初始氢氧化钠浓度的进一步增加而降低。

（4）锌浸出率的变化情况很有趣，随着初始氢氧化钠浓度的增加，锌浸出率先由2.02%增加至11.05%，然后降至0.78%，之后又增加至9.48%。高砷烟尘中的锌随着初始氢氧化钠浓度的增加逐渐被浸取进入浸出液中，锌浸出率随着逐渐增加；同时，硫黄的歧化和Na_3SbS_4的水解导致浸出液中Na_2S的浓度逐渐增加，浸出液中的游离锌离子与Na_2S反应生成ZnS沉淀，导致锌浸出率的降低；但是随着浸出液中残留的氢氧化钠浓度的逐渐增加，进入浸出渣中的ZnS与氢氧化钠反应重新进入浸出液中，导致锌的返溶，锌浸出率的增加。

综合考虑，在确保较高的砷浸出率和较低的有价金属损失条件下，氢氧化钠浓度选择3.0mol/L比较合适。高砷烟尘氢氧化钠-硫黄选择性浸出脱砷过程中可能发生的主要化学反应如式（4-7）～式（4-17）所示。

$$Pb_5(AsO_4)_3OH + 19NaOH = 5Na_2PbO_2 + 3Na_3AsO_4 + 10H_2O \quad (4\text{-}7)$$

$$Pb_2As_2O_7 + 10NaOH = 2Na_2PbO_2 + 2Na_3AsO_4 + 5H_2O \quad (4\text{-}8)$$

$$Zn_3(AsO_4)_2 + 12NaOH = 3Na_2ZnO_2 + 2Na_3AsO_4 + 6H_2O \quad (4\text{-}9)$$

$$As_2O_3 + 2NaOH = 2NaAsO_2 + H_2O \quad (4\text{-}10)$$

$$4S + 6NaOH = 2Na_2S + Na_2S_2O_3 + 3H_2O \quad (4\text{-}11)$$

$$Na_2PbO_2 + Na_2S + 2H_2O \longrightarrow PbS + 4NaOH \quad (4\text{-}12)$$

$$Na_2ZnO_2 + Na_2S + 2H_2O \longrightarrow ZnS + 4NaOH \quad (4\text{-}13)$$

$$Sb_2O_3 + 6NaOH \longrightarrow 2Na_3SbO_3 + 3H_2O \quad (4\text{-}14)$$

$$Na_2S + S \longrightarrow Na_2S_2 \quad (4\text{-}15)$$

$$Na_3SbO_3 + Na_2S_2 + 4S \longrightarrow Na_3SbS_4 + Na_2S_2O_3 \quad (4\text{-}16)$$

$$Na_3SbS_4 + 6NaOH \longrightarrow NaSb(OH)_6 + 4Na_2S \quad (4\text{-}17)$$

4.4.2 硫黄用量对浸出率的影响

在氢氧化钠-硫黄选择性浸出实验中，添加硫黄的作用是为了抑制铅、锑、锌的浸出，使高砷烟尘中可被碱溶的铅、锌、锑化合物转化为不溶于碱的硫化铅、硫化锌和水合锑酸钠，但是过量的硫黄有可能导致水合锑酸钠向硫代锑酸钠的转化。因此，硫黄的用量对砷的选择性浸出影响比较大。在高砷烟尘为40g、初始氢氧化钠浓度为3.0mol/L、硫黄粒度小于0.246mm（60目）、浸出温度为95℃、浸出时间为2h、液固比（高砷烟尘质量与氢氧化钠溶液体积之比）为8:1、搅拌速度为400r/min的条件下，考察了硫黄用量分别为0g、1g、2g、3g、4g和5g时对浸出过程各金属浸出率（质量分数）的影响，实验结果如图4-9所示。

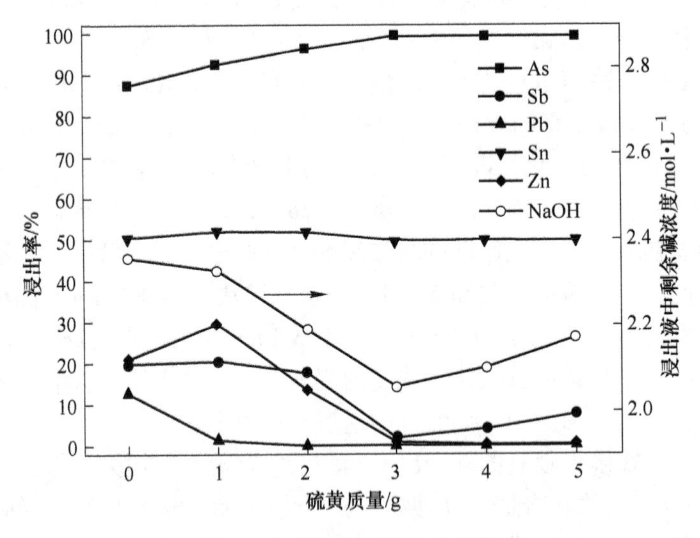

图4-9 硫黄用量对浸出率的影响

由图4-9可知：

(1) 随着硫黄用量的增加，浸出终止后浸出液中残留的氢氧化钠浓度先减小后增加。浸出液中残留氢氧化钠浓度随着高砷烟尘中砷的浸出和 $NaSb(OH)_6$ 的生成从2.357mol/L降低至2.057mol/L，然后随着浸出渣中 $NaSb(OH)_6$ 的返溶而增加至2.171mol/L。

（2）铅、锌的浸出率随着硫黄用量的增加分别从12.69%和20.88%降低至0.1%和0.33%。锑浸出率随着硫黄用量的增加首先从19.79%降低至1.98%，然后增加至7.7%。在298K下PbS和ZnS的溶度积分别为2.29×10^{-27}和2.34×10^{-24}，因此浸出液中的游离PbO_2^{2-}首先与S^{2-}反应生成PbS沉淀，同时释放出游离OH^-（见式（4-12）），进一步促进了高砷烟尘中锌的浸出，使得锌的浸出率从19.79%增加至29.57%；当浸出液中的PbO_2^{2-}被沉淀完全后，ZnO_2^{2-}与S^{2-}反应生成ZnS沉淀，使得锌浸出率逐渐降低。随着硫黄用量的增加，浸出液中的Na_2PbO_2、Na_2ZnO_2、Na_3SbO_3与硫黄发生反应生成PbS、ZnS和$NaSb(OH)_6$而进入浸出渣；当硫黄用量进一步增加时，过量的硫黄与氢氧化钠反应生成Na_2S和$Na_2S_2O_3$(见式（4-11)），浸出液中Na_2S的浓度逐渐增加，与浸出渣的$NaSb(OH)_6$发生反应使其生成Na_3SbS_4和NaOH(见式（4-18)），导致锑发生复溶，使得锑的浸出率和浸出液中残留的氢氧化钠浓度增加。

（3）随着硫黄用量的增加，锡的浸出率一直维持在50%左右，基本上没有什么波动，这说明硫黄对锡的浸出基本上没有什么影响。砷的浸出率随着硫黄用量的增加先增加然后趋于稳定，在硫黄用量增加至3g以前，砷浸出率从87.27%增加至99.3%；进一步增加硫黄的用量，砷的浸出率维持不变。铅、锌的砷酸盐的溶度积都很小，而且从式（4-7）、式（4-8）和式（4-9）可知，铅锌砷酸盐的溶解反应是可逆反应，只有降低反应方程式右边铅酸钠和锌酸钠的浓度，反应才能向右继续进行，因此，随着浸出液中铅锌浓度的降低，砷的浸出率逐渐增加。随着硫黄用量的增加，在高砷烟尘碱浸过程中进入浸出液中的铅、锑、锌逐渐被硫化和氧化而进入浸出渣，有助于砷的选择性浸出，但是过量的硫黄将导致锑的返溶和成本的增加。

因此，综合考虑，硫黄用量选择3g比较合适。

$$NaSb(OH)_6+4Na_2S = Na_3SbS_4+6NaOH \quad (4\text{-}18)$$

4.4.3 浸出温度对浸出率的影响

浸出温度的提高可以降低浸出体系的黏度，加速浸出剂与固体矿料之间的传质和传热以及强化矿粒的表面化学反应过程；同时，可以促进硫黄在氢氧化钠溶液中的歧化反应。在高砷烟尘为40g、氢氧化钠浓度为3.0mol/L、硫黄用量为3g、硫黄粒度小于0.246mm（60目）、液固比（高砷烟尘质量与氢氧化钠溶液体积之比）为8:1、浸出时间为2h、搅拌速度为400r/min的条件下，考察了浸出温度分别为50℃、60℃、70℃、80℃、90℃、95℃和100℃时对浸出过程各金属浸出率（质量分数）的影响，实验结果如图4-10所示。

由图4-10可知：

（1）随着浸出温度的增加，浸出终止后浸出液中残留的氢氧化钠浓度先减

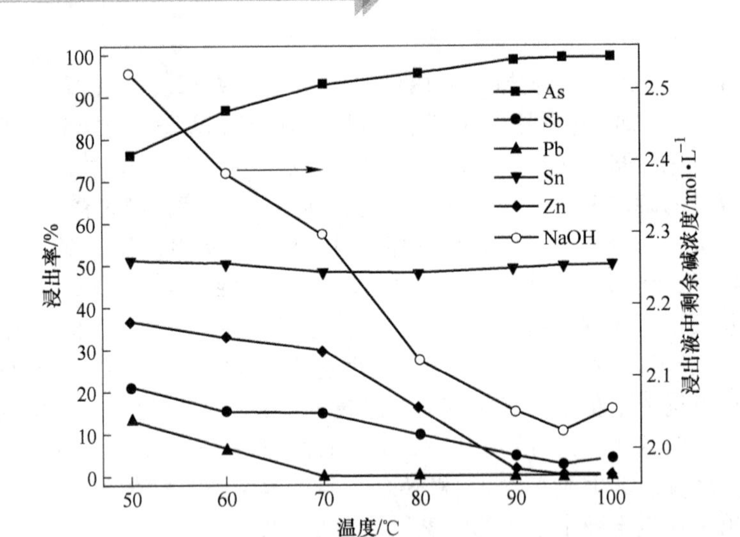

图 4-10 浸出温度对浸出率的影响

小后增加。浸出液中残留氢氧化钠浓度随着高砷烟尘中砷、锑的浸出和浸出液中锑的沉淀而从 2.522mol/L 降低至 2.025mol/L，然后随着浸出渣中 $NaSb(OH)_6$的返溶而增加至 2.055mol/L。

（2）随着浸出温度的增加，铅、锌的浸出率逐渐降低，而锑的浸出率先降低后增加。当浸出温度从 50℃ 增加至 95℃，铅、锑、锌的浸出率分别从 13.19%、21.18%和36.72%降低至0.11%、2.77%和0.31%；进一步提高浸出温度至100℃时，铅、锌的浸出率维持不变，而锑的浸出率增加至4.18%。硫黄在氢氧化钠溶液中的歧化反应属于吸热反应，随着浸出温度的增加，浸出液中 Na_2S 的浓度逐渐增加，促进了 PbO_2^{2-} 和 ZnO_2^{2-} 沉淀反应平衡向正方向移动，浸出液中铅、锌的浓度降低，导致铅、锌的浸出率逐渐降低。随着浸出温度的提高，硫黄在氢氧化钠溶液中的氧化性增加，且 Na_3SbO_3 的氧化反应是吸热反应，因此随着浸出温度的升高，Na_3SbO_3氧化反应的平衡向右移动，继而 Na_3SbS_4水解生成不溶于碱的 NaSb（OH）$_6$并进入浸出渣中，导致锑浸出率的逐渐降低。Na_3SbS_4的水解反应是可逆反应，当浸出温度超过 95℃以后，式（4-17）所表示的反应平衡向左移动，导致 $NaSb(OH)_6$的返溶，浸出液中锑离子浓度增加，锑的浸出率增加。

（3）随着浸出温度从 50℃ 增加至 95℃，砷的浸出率由 76.31% 增加至 99.26%，进一步提高浸出温度，砷的浸出率维持在 99% 以上，这个是因为在 95℃之后，浸出液中的可溶性铅、锌基本上沉淀完全。随着浸出温度的增加，锡的浸出率一直维持在 50% 左右，基本上没有什么波动，这说明硫黄对锡的浸出基本上没有什么影响。浸出温度的升高有利于高砷烟尘中砷与其他有价金属的分离，但是温度越高能耗也越大。

因此，为确保较高的砷浸出率和较低的有价金属损失，浸出温度选择95℃比较合适。

4.4.4 液固比对浸出率的影响

在高砷烟尘为40g、氢氧化钠浓度为3.0mol/L、硫黄用量为3g、硫黄粒度小于0.246mm（60目）、浸出温度为95℃、浸出时间为2h、搅拌速度为400r/min的条件下，考察了液固比（高砷烟尘质量与氢氧化钠溶液体积之比）分别为3、4、5、6、8和10时对浸出过程各金属浸出率（质量分数）的影响，实验结果如图4-11所示。

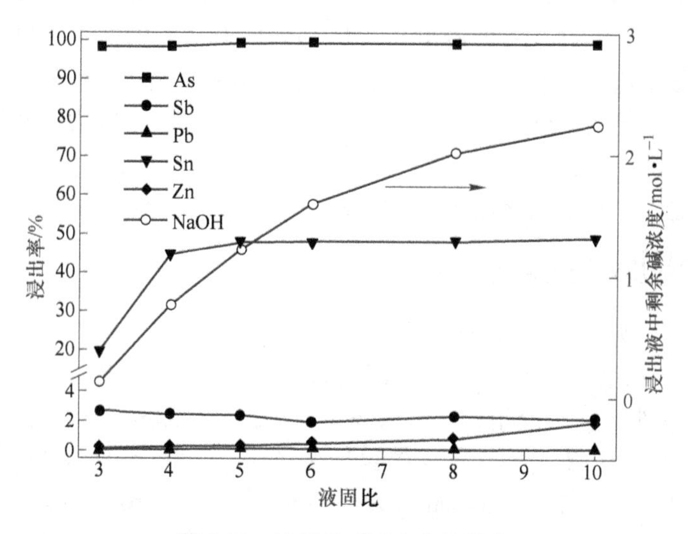

图4-11 液固比对浸出率的影响

由图4-11可知：

（1）随着浸出体系液固比的增加，浸出终止后浸出液中残留的氢氧化钠浓度逐渐增加；在浸出过程中，高砷烟尘理论上需要的氢氧化钠量是固定的，在氢氧化钠浓度固定不变的情况下，随着液固比的增加，进入浸出体系中的氢氧化钠质量随之增加，在满足高砷烟尘耗碱之外，浸出液中积累的过剩氢氧化钠量逐渐增加，因此浸出液中游离的氢氧化钠浓度也随之增加。

（2）随着浸出液固比的增加，砷、锡的浸出率先逐渐增加然后趋于稳定，当液固比从3增加到5，砷、锡的浸出率分别从98.15%和19.86%增加至99.24%和47.84%，进一步提高液固比，砷、锡的浸出率都维持在99%和48%以上。当浸出液固比小于5时，因为初始氢氧化钠的浓度是固定不变的，浸出体系中氢氧化钠的质量相对来说比较少，加入的氢氧化钠首先与高砷烟尘中的砷化合物反应而被消耗，过剩的氢氧化钠再与锡发生反应，因此锡的浸出受到抑制。

浸出液固比越低，浸出体系的体积越小，浸出体系的黏度增加，浸出液的固含量越高，液固分离过程中浸出渣夹带损失的砷量增加，需要用大量的水洗涤浸出渣以降低砷的损失；同时，浸出液体积的减少，使得浸出液中砷的浓度增加（如液固比为3时，浸出液中砷的浓度达到32g/L），导致液固分离过程中浸出液中砷的结晶析出，影响操作的正常进行。

（3）随着浸出液固比的增加，铅、锑的浸出率基本上维持在0.1%和2%左右，说明液固比对铅、锑的浸出影响不大，只要硫黄的量足够就可以抑制铅、锑的浸出。而锌的浸出率随着浸出液固比的增加而逐渐增加，且增加的幅度越来越大，随着液固比的增加，浸出液中残留的氢氧化钠浓度越来越高，促进了浸出渣中沉淀的锌的返溶，导致锌的浸出率从0.15%增加至1.96%。浸出液固比的增加，可以有效地避免砷的结晶，降低洗涤水的用量和浸出渣中砷的含量，实现砷与其他有价金属的有效分离；但是过高的液固比将导致生产能力的降低和能耗的增加。

综合考虑，浸出液固比选择6.0比较合适。

4.4.5 硫黄粒度对浸出率的影响

在高砷烟尘为40g、氢氧化钠浓度为3.0mol/L、硫黄用量为3g、浸出温度为95℃、液固比（高砷烟尘质量与氢氧化钠溶液体积之比）为6:1、搅拌速度为400r/min的条件下，考察了硫黄粒度分布为大于0.246mm（60目）、0.246～0.175mm（60～80目）、0.175～0.147mm（80～100目）、0.147～0.121mm（100～120目）、0.121～0.104mm（120～150目）和0.104～0.074mm（150～200目）时对浸出过程各金属浸出率（质量分数）的影响，实验结果见表4-9。

图4-9 硫黄粒度对浸出率的影响

粒度/mm	浸出率/%					浸出液中残留的氢氧化钠浓度/mol·L^{-1}
	As	Sb	Pb	Sn	Zn	
0.246（60目）	96.79	7.13	0.21	49.79	5.75	1.616
0.246～0.175（60～80目）	99.25	1.77	0.19	49.00	0.25	1.223
0.175～0.147（80～100目）	99.27	1.24	0.16	49.17	0.24	1.278
0.147～0.121（100～120目）	99.33	1.29	0.20	48.47	0.13	1.224
0.121～0.104（120～150目）	99.32	1.76	0.30	49.45	0.29	1.231
0.104～0.074（150～200目）	99.31	1.31	0.23	49.83	0.17	1.207

由表4-9可知：

（1）随着硫黄粒度的逐渐减小，浸出终止后浸出液中残留的氢氧化钠浓度先降低然后趋于稳定，当硫黄的粒度减小至0.246mm(60目）以下时，浸出终止后浸出液中残留的氢氧化钠浓度基本上维持在1.2mol/L左右。

（2）随着硫黄粒度的逐渐减小，砷的浸出率先增加然后趋于稳定，而锑、锌的浸出率变化情况则完全相反，锑、锌的浸出率随着硫黄粒度的减小先降低然后趋于稳定。当硫黄的粒度减小至0.246mm(60目）以下时，砷的浸出率一直维持在99%以上，锑、锌的浸出率基本上维持在1.5%和0.2%左右。首先，高砷烟尘中的锑、锌与氢氧化钠反应进入浸出液中，然后，浸出液中锑、锌与硫黄反应生成水合锑酸钠和硫化锌进入浸出渣中，锑、锌与硫黄的反应属于液固反应，液固反应的速率一般来说与液固两相的接触面积成正比，硫黄粒度的减小，增加了硫黄与锑、锌离子的反应面积，有效地提高了反应速度，避免了反应产物对未反应硫黄的包裹，促进浸出液中锑、锌的沉淀，从而导致了砷浸出率的增加和锑、锌浸出率的降低。

（3）随着硫黄粒度的逐渐减小，铅、锡的浸出率基本上维持在0.2%和49%左右，说明硫黄粒度对铅、锡的浸出影响不大。从前面其他单因素实验的结果可知，在高砷烟尘的氢氧化钠碱性浸出过程中添加硫黄，不管硫黄的用量是足量的还是欠量的，碱性浸出液的铅都在锌和锑之前被优先沉淀；而锡的浸出率只受浸出液中氢氧化钠浓度的影响。

在高砷烟尘氢氧化钠-硫黄选择性浸出脱砷过程中，细化硫黄的粒度可以加快浸出反应的平衡，缩短浸出时间，降低硫黄的用量，考虑到制备微细粉末的成本（粒度越小，研磨的成本越高），硫黄的粒度选择小于0.175mm(80目）比较合适。

4.4.6 浸出时间对浸出率的影响

在高砷烟尘为40g、氢氧化钠浓度为3.0mol/L、硫黄用量为3g、硫黄的粒度为小于0.175mm(80目)、浸出温度为95℃、液固比（高砷烟尘质量与氢氧化钠溶液体积之比）为6∶1、搅拌速度为400r/min的条件下，考察了浸出时间分别为0.5h、1.0h、1.5h、2.0h、3.0h和5.0h时对浸出过程各金属浸出率（质量分数）的影响，实验结果如图4-12所示。

由图4-12可知：

（1）随着浸出时间的增加，浸出终止后浸出液中残留的氢氧化钠浓度先减小然后增加；当浸出时间从0.5h增加至3h，浸出终止后浸出液中残留的氢氧化钠浓度从1.883mol/L逐渐减小至1.287mol/L，进一步延长浸出时间，浸出液中氢氧化钠的浓度逐渐增加至1.684mol/L。

（2）随着浸出时间的逐渐增加，砷的浸出率先增加然后趋于稳定，当浸出时间大于1.5h以后，砷的浸出率一直维持在99%以上，当浸出液中的PbO_2^{2-}和ZnO_2^{2-}全部转化为PbS和ZnS沉淀之后，高砷烟尘中的砷酸铅和砷酸锌基本上就

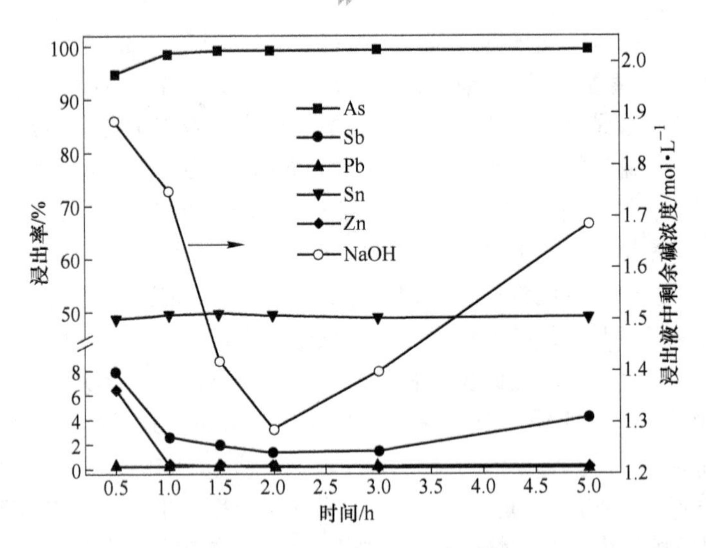

图 4-12 浸出时间对浸出率的影响

实现了彻底浸出，砷以砷酸钠的形式进入浸出液中，砷的浸出基本上就达到平衡。

（3）锑的浸出率随着浸出时间的增加先降低然后增加，在浸出时间为 2.0h 时，锑的浸出率达到最低值 1.35%；进一步延长浸出时间至 5.0h，锑的浸出率逐渐增加至 4.14%。经分析发现，随着浸出液中铅、锑和锌离子的逐渐沉淀，浸出液中 Na_2S 的浓度逐渐增加至 15g/L 左右，而 Na_3SbS_4 的水解反应是一个可逆反应，随着浸出时间的进一步延长，Na_3SbS_4 水解反应的平衡向左移动，浸出液中的 Na_2S 与浸出渣的 $NaSb(OH)_6$ 发生反应生成 Na_3SbS_4 和 NaOH（见式（4-18）），导致锑发生的复溶，使得锑的浸出率和浸出液中残留的氢氧化钠浓度增加。

（4）随着浸出时间的逐渐增加，铅、锡的浸出率基本上维持在 0.2% 和 49% 左右，说明浸出时间的延长对铅、锡的浸出率影响不大。锌的浸出率随着浸出时间的延长从 6.47% 逐渐降低至 0.13%。浸出时间的延长有利于浸出过程中砷、锑、锌等元素的溶解与沉淀反应的平衡，但是浸出时间过长的话，又将导致锑的复溶和生产效率的降低。综合考虑，浸出时间选择 2.0h 比较合适。

4.4.7 综合实验

通过以上的系列单因素实验研究，可得出高砷烟尘氢氧化钠-硫黄选择性浸出脱砷的优化工艺条件：氢氧化钠浓度为 3.0mol/L、硫黄的用量为 0.075g、硫黄的粒度小于 0.175mm（80 目）、液固比为 6:1、浸出温度为 95℃、浸出时间为 2.0h、搅拌速度为 400r/min。在此优化工艺条件进行了 3 次实验，其实验结果见表 4-10 和表 4-11。由表 4-10 和表 4-11 可以看出：在优化实验条件下，砷、锑、铅、锡、锌、铜和铁的平均浸出率为 99.27%、1.83%、0.20%、49.77%、0.15%、0.24%和0.15%，浸出液中铅、锌、铜、铁的平均含量分别为0.056g/L、0.010g/L、0.003g/L 和0.002g/L，高砷烟尘中的铅、锌、铜和铁全部进入浸出渣中，浸出渣中砷的含量在0.1%以下，实现了砷的选择性脱除。

表 4-10 优化实验结果

实验编号	浸出液体积/mL	浸出液中各元素浓度/g·L^{-1}						浸出渣质量/g	浸出渣中砷的含量/%
		Sb	Pb	Sn	Zn	Cu	Fe		
1	385	0.234	0.065	1.566	0.012	0.003	0.003	42.07	0.081
2	500	0.174	0.036	1.198	0.009	0.002	0.002	42.77	0.094
3	455	0.185	0.066	1.296	0.011	0.003	0.002	42.20	0.082

表 4-11 优化实验中各元素的浸出率

实验编号	浸出率/%						
	As	Sb	Pb	Sn	Zn	Cu	Fe
1	99.31	1.90	0.10	50.24	0.24	0.21	0.13
2	99.19	1.83	0.07	49.92	0.24	0.18	0.11
3	99.30	1.77	0.12	49.14	0.26	0.25	0.10
平　均	99.27	1.83	0.20	49.77	0.25	0.24	0.15

注：砷的浸出率以渣计，其他金属的浸出率以液计。

图4-13 所示为高砷烟尘碱性浸出渣的 XRD 谱。从图4-13 中可以看出，高砷烟尘氢氧化钠-硫黄选择性浸出脱砷浸出渣中存在的物相主要是 PbS 和 $NaSb(OH)_6$，没有含砷物质的衍射峰出现。与高砷烟尘原料样品的 XRD 谱进行对比，可以认为高砷烟尘中的砷被有效地脱除。锑的衍射峰只有 $NaSb(OH)_6$，说明高砷烟尘中的锑在浸出过程全部转化为水合锑酸钠。

高砷烟尘浸出渣的化学成分见表4-12。浸出渣中铅、锑和铟的含量分别为53.26%、11.28%和0.48%，相对于高砷烟尘原料来说有一定程度的富集。浸出渣中的砷含量降低至0.08%。

表 4-12 综合实验条件下浸出渣的化学成分

元　素	As	Sb	Pb	Sn	Zn	Cu	Fe	S	In	Na	Si	Ca
质量分数/%	0.08	11.28	53.26	1.47	4.64	1.37	2.24	11.07	0.48	2.33	0.24	0.21

4.5 高砷烟尘氢氧化钠-硫黄浸出过程优化实验研究

从高砷烟尘氢氧化钠-硫黄选择性浸出脱砷的单因素条件实验研究结果中可

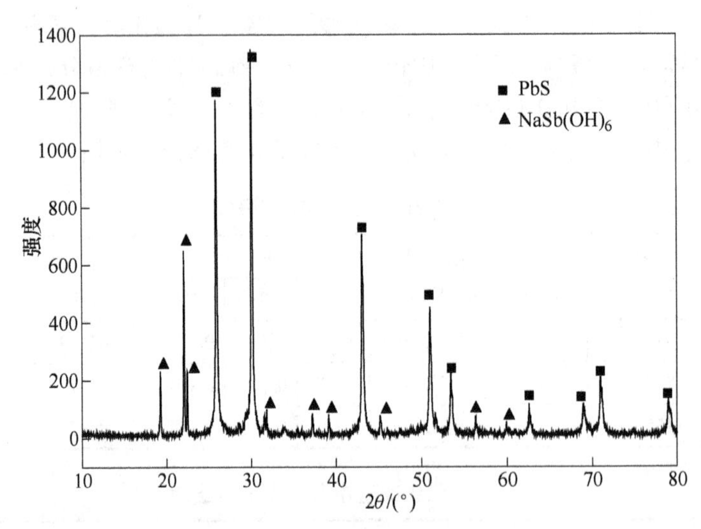

图4-13 综合实验条件下浸出渣XRD谱

知，初始氢氧化钠浓度、硫黄用量和浸出温度等三个因素对砷、锑、铅、锌、锡浸出率的影响显著，且映射关系比较复杂；而液固比、硫黄粒度和浸出时间等的影响相对而言则不那么明显。因此，采用响应曲面法对高砷烟尘氢氧化钠-硫黄选择性浸出脱砷过程进行优化实验设计，考察氢氧化钠浓度、硫黄用量和浸出温度等三个因素对砷、锑、铅、锌、锡浸出率的影响及各因素的交互作用程度，确定高砷烟尘浸出工艺的优化参数和区域。

4.5.1 响应曲面法原理

响应曲面法（response surface methodology，RSM）是将实验设计和数理统计进行结合而成的产物，通过合理的试验设计，在所选定的实验参数区域内进行相关的实验，再采用多元二次回归方程来拟合各因素与响应值之间的函数关系，通过建模和分析寻求最优工艺参数[200]。随着计算机技术的迅猛发展，响应曲面法集合了实验优化设计和数据分析处理，在新产品设计和新工艺开发及优化改进等方面发挥着非常重要的作用。目前，响应曲面法广泛应用于冶金化工、材料制备、生物医学和生物制药等领域的实验设计和工艺优化过程中[201]。

在响应曲面优化研究过程中，通常的程序是实验设计、相关实验、模型拟合、过程优化及实验验证。通常来说，在响应曲面优化研究过程中，自变量与相应的响应之间的函数关系是不确定的。因此，响应曲面优化研究的首要任务就是寻找一个合适的函数关系式来描述自变量与相应的响应之间的真实函数关系。

在高砷烟尘氢氧化钠-硫黄选择性浸出脱砷优化研究中，通过前面的单因素条件实验研究已经得到了一个比较窄的实验参数区域，因此采用二阶多项式模型

（见式（4-19））的进行拟合是比较合适的，通过拟合二次回归方程就可以绘制出高砷烟尘氢氧化钠-硫黄选择性浸出脱砷的响应曲面及其等值线图。

$$Y = \beta_0 + \sum_{i=1}^{k}\beta_i X_i + \sum_{i=1}^{k}\beta_{ii}X_i^2 + \sum_{i=j}^{k-1}\sum_{j=i+1}^{k}\beta_{ij}X_iX_j + \varepsilon \tag{4-19}$$

式中，Y为响应；$X_1 \sim X_k$为自变量；k为自变量个数；$\beta_1 \sim \beta_k$为相关系数；ε为随机误差。

通过恰当的实验设计和认真细致的实验获得有效且可靠的实验数据，并进行有效的拟合和估计模型，就可以得到自变量与相应响应之间的近似函数，绘制出响应曲面和等值线图并进行有效的分析，从而得到优化的实验参数和区域。拟合二阶模型的中心复合设计（central composite design，CCD）是应用得最为广泛的拟合二阶模型的响应曲面设计方法。中心复合设计通常由2^k个立方体点、$2k$个坐标轴点和1个中心点组成。

在高砷烟尘氢氧化钠-硫黄选择性浸出脱砷优化研究中，采用中心复合设计进行优化研究的实验设计，相关实验获得的响应数据（即各元素浸出率）与自变量（即各实验参数）之间函数关系式的确定和响应曲面及等值线图的绘制采用 Minitab®15 软件包进行处理而得到。Minitab 是应用最为广泛的计算机统计软件包之一，其具有良好的处理优化研究过程中各种不同因子（包括固定和随机因子）的实验分析能力和数据处理能力。

4.5.2　实验设计及数据处理

以砷、锑、铅、锌、锡的浸出率为响应值（Y_{As}、Y_{Sb}、Y_{Pb}、Y_{Zn}、Y_{Sn}），采用中心复合设计（CCD）对影响高砷烟尘氢氧化钠-硫黄选择性浸出脱砷过程的氢氧化钠浓度、硫黄用量和浸出温度等三个因素进行优化实验设计和分析。浸出实验过程的因素水平设计安排见表4-13。优化实验设计方案见表4-14。浸出过程其余实验条件为：高砷烟尘为50g、硫黄的粒度为小于0.175mm（80目）、液固比（高砷烟尘质量与氢氧化钠溶液体积之比）为6:1、浸出时间为2.0h、搅拌速度为400r/min。浸出结束后趁热抽滤，用少量水直接在布式漏斗内喷淋洗涤浸出渣，浸出渣干燥、称取质量；将浸出液和洗涤液合并、摇匀、记录体积，同时移取5mL混合浸出液于50mL烧杯中，加入3mL双氧水氧化10min，微沸2min，取下稍冷，加入10mL浓盐酸酸化，移至100mL容量瓶中，定容、摇匀。砷的浸出率采用式（2-1）进行计算，锑、铅、锡和锌的浸出率采用式（2-2）进行计算。根据表4-14所示实验条件进行了20个不同浸出条件下的高砷烟尘氢氧化钠-硫黄选择性浸出脱砷实验，获得的砷、锑、铅、锡、锌实验浸出率见表4-14。

表 4-13　浸出过程中心复合设计因素水平表

考察因素	符号	水平				
		$\alpha=-1.682$	−1	0	+1	$\alpha=+1.682$
氢氧化钠浓度/$mol \cdot L^{-1}$	X_1	1.318	2	3	4	4.682
硫黄用量/g	X_2	1.65	2.5	3.75	5	5.85
浸出时间/℃	X_3	87	90	95	100	103

表 4-14　浸出过程中心复合设计实验方案及结果

实验编号	X_1	X_2	X_3	实验浸出率/%					预测浸出率/%		
				As	Sb	Pb	Sn	Zn	As	Sb	Zn
1	2	2.5	90	93.20	11.66	0.01	46.92	0.34	92.84	10.34	2.87
2	4	2.5	90	95.83	22.75	0.01	49.55	24.15	95.67	22.07	22.58
3	2	5	90	99.57	4.63	0.03	41.37	0.07	98.51	8.85	4.03
4	4	5	90	96.62	1.46	0.02	48.21	0.33	97.39	−1.51	−2.28
5	2	2.5	100	94.23	5.91	0.03	46.96	0.27	93.66	6.63	1.79
6	4	2.5	100	94.53	28.28	0.03	52.05	28.82	95.79	21.81	23.78
7	2	5	100	99.30	11.49	0.03	41.39	0.11	99.66	9.91	0.60
8	4	5	100	97.28	3.92	0.02	51.00	0.18	97.84	2.99	−3.43
9	1.318	3.75	95	94.49	5.22	0.05	37.87	0.25	95.55	2.92	−5.33
10	4.682	3.75	95	97.75	1.49	0.01	48.77	0.75	96.40	6.97	7.86
11	3	1.65	95	92.61	22.75	0.03	50.83	21.81	92.60	26.27	22.81
12	3	5.85	95	99.37	9.53	0.03	48.88	0.38	99.09	9.19	0.91
13	3	3.75	86	96.81	6.54	0.03	47.62	7.40	97.39	5.90	5.50
14	3	3.75	103	99.33	2.76	0.02	50.40	0.20	98.46	6.58	3.63
15	3	3.75	95	99.33	1.60	0.02	47.58	0.24	99.22	1.45	0.22
16	3	3.75	95	98.95	1.52	0.02	47.58	0.28	99.22	1.45	0.22
17	3	3.75	95	99.15	1.13	0.02	49.55	0.26	99.22	1.45	0.22
18	3	3.75	95	99.32	1.62	0.01	48.70	0.22	99.22	1.45	0.22
19	3	3.75	95	99.21	1.74	0.01	49.57	0.28	99.22	1.45	0.22
20	3	3.75	95	99.30	1.61	0.03	48.24	0.31	99.22	1.45	0.22

由表 4-14 可知，优化浸出实验中砷、锑和锌的浸出率随着浸出条件的不同而不同且差值幅度显著；但是铅和锡的浸出率基本上变化不大，所以优化浸出实验中铅的浸出率全部都小于 0.1%，锡的浸出率大部分在 47%~52% 之间（实验 3、7 和 9 中锡浸出率分别为 41.37%、41.39% 和 37.87%，经分析，这 3 个浸出实验结束时浸出液中碱浓度均小于 0.5mol/L，与单因素条件结果中锡浸出率仅

与浸出液中氢氧化钠浓度有关的结论相符)。由此可知,在高砷烟尘氢氧化钠-硫黄选择性浸出脱砷过程优化实验中,铅、锡的浸出率受浸出过程因素的影响很小,故在接下来的研究中仅考察氢氧化钠浓度、硫黄用量和浸出温度等三个因素对砷、锑和锌浸出率的影响及各因素的交互作用程度,从而确定高砷烟尘浸出工艺的优化参数和区域。对表 4-14 中所获得的浸出实验数据采用 Minitab®15 进行统计分析,采用二阶模型进行模拟,分别得到以砷、锑和锌浸出率为响应值 Y 的二阶回归方程,如式(4-20)~式(4-22)所示。

$$Y_{As} = -113.605 + 13.4186X_1 + 8.38334X_2 + 3.59312X_3 - 1.14651X_1^2 - 0.763181X_2^2 - 0.0182832X_3^2 - 0.79X_1X_2 - 0.035X_1X_3 + 0.0132X_2X_3 \quad (4\text{-}20)$$

$$Y_{Sb} = 751.603 - 5.98744X_1 - 36.5657X_2 - 14.0782X_3 + 1.23779X_1^2 + 3.6851X_2^2 + 0.0678257X_3^2 - 4.42X_1X_2 + 0.172X_1X_3 + 0.1908X_2X_3 \quad (4\text{-}21)$$

$$Y_{Zn} = 553.834 + 10.4082X_1 - 0.404961X_2 - 11.7743X_3 + 0.369417X_1^2 + 2.6338X_2^2 + 0.0614457X_3^2 - 5.203X_1X_2 + 0.11375X_1X_3 - 0.0942X_2X_3 \quad (4\text{-}22)$$

式中,X_1、X_2、X_3采用实际数值表示。

将各优化浸出实验中氢氧化钠浓度、硫黄用量和浸出温度等因素条件的数值分别代入砷、锑和锌浸出率为响应值的二阶回归方程,即代入式(4-20)~式(4-22)中,即可得到相应浸出实验条件下砷、锑和锌的预测浸出率,计算结果列在表 4-14 中。

优化浸出过程中心复合设计砷、锑和锌浸出率的二阶模型回归方程的系数及显著性检验见表 4-15。表 4-15 中的 β_n 为二阶回归方程中 X_1、X_2、X_3 用代码(即 α 值)表示时的系数。从表 4-5 可知,在砷浸出率对应的二阶模型中,常数项 β_0、一次项 β_2、二次项 β_{11} 和 β_{22} 对砷浸出率的影响高度显著($P<0.01$),交互性 β_{12} 对砷浸出率的影响显著($P<0.05$),一次项 β_1 和 β_3、二次项 β_{33}、交互项 β_{13} 和 β_{23} 对砷浸出率的影响不显著($P>0.05$);在锑浸出率对应的二阶模型中,一次项 β_2、二次项 β_{22}、交互项 β_{12} 对锑浸出率的影响高度显著,常数项 β_0、一次项 β_1 和 β_3、二次项 β_{11} 和 β_{33}、交互项 β_{13} 和 β_{23} 对锑浸出率的影响不显著;在锌浸出率对应的二阶模型中,一次项 β_1 和 β_2、二次项 β_{22}、交互项 β_{12} 对锌浸出率的影响高度显著,常数项 β_0、一次项 β_3、二次项 β_{11} 和 β_{33}、交互项 β_{13} 和 β_{23} 对锌浸出率的影响不显著。同时,砷、锑和锌浸出率对应的二阶模型的相关系数分别为 0.9595、0.9443 和 0.9441,表明响应值(Y_{As}、Y_{Sb} 和 Y_{Zn})与自变量(氢氧化钠浓度、硫黄用量和浸出温度)之间的线性关系比较显著,说明式(4-20)~式(4-22)所表示的二阶模型可以比较好地描述实验结果。也表明 95.95% 的砷浸出率实验数据、94.43% 的锑浸出率实验数据和 94.41% 的锌浸出率实验数据可以用对应的二阶回归方程进行解释。

表 4-15 浸出过程中心复合设计二阶方程系数及 *P* 值

项	Y_{As}			Y_{Sb}			Y_{Zn}		
	系数值	系数标准偏差	*P*	系数值	系数标准偏差	*P*	系数值	系数标准偏差	*P*
β_0	99.2183	0.3751	0.000	1.4456	1.5132	0.362	0.2212	1.685	0.898
β_1	0.2521	0.2489	0.335	1.2043	1.0040	0.258	3.9197	1.118	0.006
β_2	1.9284	0.2489	0.000	-5.0768	1.0040	0.000	-6.5118	1.118	0.000
β_3	0.3191	0.2489	0.229	0.2008	1.0040	0.845	-0.5579	1.118	0.629
β_{11}	-1.1465	0.2423	0.001	1.2378	0.9773	0.234	0.3694	1.088	0.741
β_{22}	-1.1925	0.2423	0.001	5.7580	0.9773	0.000	4.1153	1.088	0.004
β_{33}	-0.4571	0.2423	0.089	1.6956	0.9773	0.113	1.5361	1.088	0.188
β_{12}	-0.9875	0.3252	0.013	-5.5250	1.3117	0.002	-6.5038	1.460	0.001
β_{13}	-0.1750	0.3252	0.602	0.8600	1.3117	0.527	0.5688	1.460	0.705
β_{23}	0.0825	0.3252	0.805	1.1925	1.3117	0.385	-0.5888	1.460	0.695

注：Y_{As}对应二阶模型相关系数 R^2 =95.95%；Y_{Sb}对应二阶模型相关系数 R^2 =94.43%；Y_{Zn}对应二阶模型相关系数 R^2 =94.41%。

优化浸出过程中心复合设计方差分析结果见表 4-16。从表中可以看出：在砷浸出率的二阶回归模型中，线性关系的系数和平方关系的系数都达到了高度显著水平（$P<0.01$），而相互关系的系数则是不显著的（$P>0.05$）；在锑浸出率的二阶回归模型中，线性关系的系数和平方关系的系数都达到了高度显著水平，相互关系的系数达到了显著水平（$P<0.05$）；在锌浸出率的二阶回归模型中，线性关系的系数和相互关系的系数都达到了高度显著水平，平方关系的系数达到了显著水平。

表 4-16 浸出过程中心复合设计方差分析

响应	方差来源	自由度	平方和	均方	*P* 值
Y_{As}	回归	9	97.959	10.8844	0.000
	线性关系	3	53.095	17.6983	0.000
	平方关系	3	36.764	12.2545	0.001
	相互关系	3	8.101	2.7002	0.071
	残余偏差	10	8.458	0.8458	—
	缺失度	5	8.353	1.6705	0.000
	净偏差	5	0.106	0.0212	—
	总　和	19	106.418	—	—

续表 4-16

响应	方差来源	自由度	平方和	均方	P 值
Y_{Sb}	回归	9	1134.71	126.078	0.001
	线性关系	3	372.35	124.117	0.003
	平方关系	3	500.86	166.952	0.001
	相互关系	3	261.50	87.166	0.011
	残余偏差	10	137.65	13.765	—
	缺失度	5	137.43	27.486	0.000
	净偏差	5	0.22	0.045	—
	总　和	19	1272.36	—	—
Y_{Zn}	回归	9	1399.79	155.532	0.001
	线性关系	3	793.18	264.392	0.000
	平方关系	3	262.86	87.621	0.021
	相互关系	3	343.75	114.584	0.009
	残余偏差	10	170.63	17.063	—
	缺失度	5	170.63	34.126	0.000
	净偏差	5	0.01	0.001	—
	总　和	19	1570.42	—	—

根据式（4-20）~式（4-22）所表示的二阶模型，应用 Minitab®15 软件分别绘制砷、锑和锌浸出率与氢氧化钠浓度、硫黄用量和浸出温度的响应曲面图及其等值线图，结果如图 4-14 ~ 图 4-22 所示。

通过响应曲面图和等值线图可以系统地评价实验因素（氢氧化钠浓度、硫黄用量和浸出温度）对砷、锑和锌浸出率的两两交互作用，同时还可以确定各个实验因素的最佳水平范围（即响应曲面中位置最高点附近的区域）。从等值线图中各等高线的形状也可以看出实验因素两两交互效应的强弱大小，通常情况下椭圆形的等值线表示实验因素两两交互作用显著，而圆形的等值线则表示实验因素两两交互作用不明显。

4.5.3　氢氧化钠浓度与硫黄用量的交互影响

当浸出温度保持在中位置（95℃）时，氢氧化钠浓度和硫黄用量对高砷烟尘浸出过程中砷、锑和锌浸出率的交互影响分别如图 4-14 ~ 图 4-16 所示。从各图中等值线的形状可以很明显地看出氢氧化钠浓度和硫黄用的交互作用很显著。

由图 4-14 可知，砷浸出率随着氢氧化钠浓度和硫黄用量的增加都呈现先增加后降低的趋势，且浸出率达到的最大值的位置（曲面最高点）随着硫黄用量

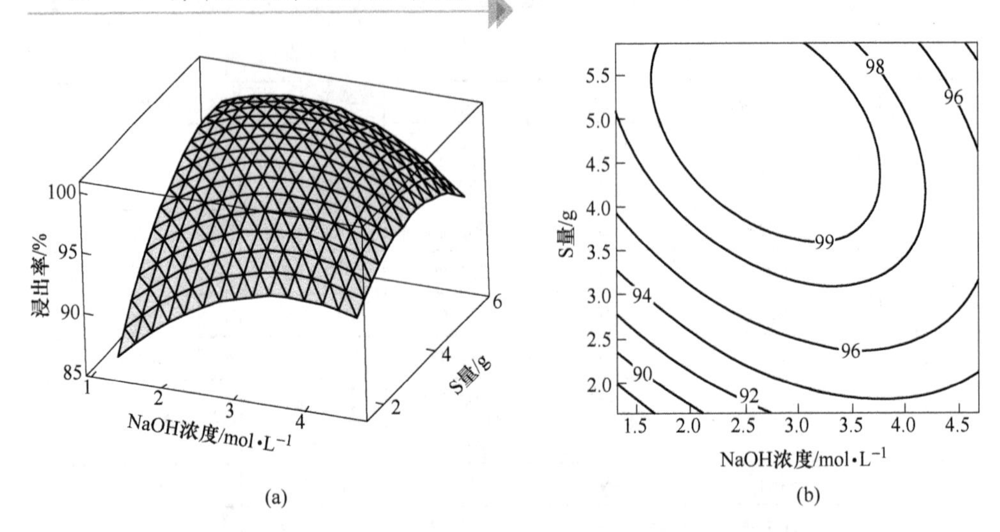

图 4-14　氢氧化钠浓度与硫黄用量对砷浸出率的交互影响

（a）响应曲面图；（b）等值线图

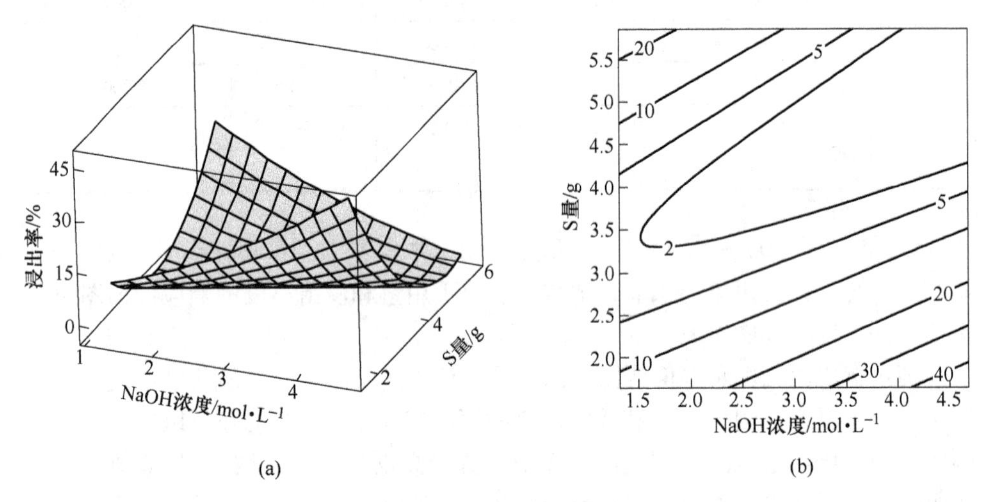

图 4-15　氢氧化钠浓度与硫黄用量对锑浸出率的交互影响

（a）响应曲面图；（b）等值线图

的增加而逐渐向氢氧化钠浓度降低的方向移动。砷浸出率在氢氧化钠浓度为 2. 75mol/L、硫黄用量为 4. 9g 时达到最大值。

由图 4-15 可知，锑浸出率随着硫黄用量的增加先降低后增加；当硫黄用量较低时，锑浸出率随着氢氧化钠浓度的增加而增加，但是随着硫黄用量的逐渐增加，锑浸出率随着氢氧化钠浓度增加而增加的幅度逐渐降低，而当硫黄用量超过 3. 5g 之后，锑浸出率反而随着氢氧化钠浓度的增加而降低。在低浓度的氢氧化钠溶液（如 1. 5mol/L）中，随着硫黄用量的增加锑浸出率从 12% 左右逐渐降低

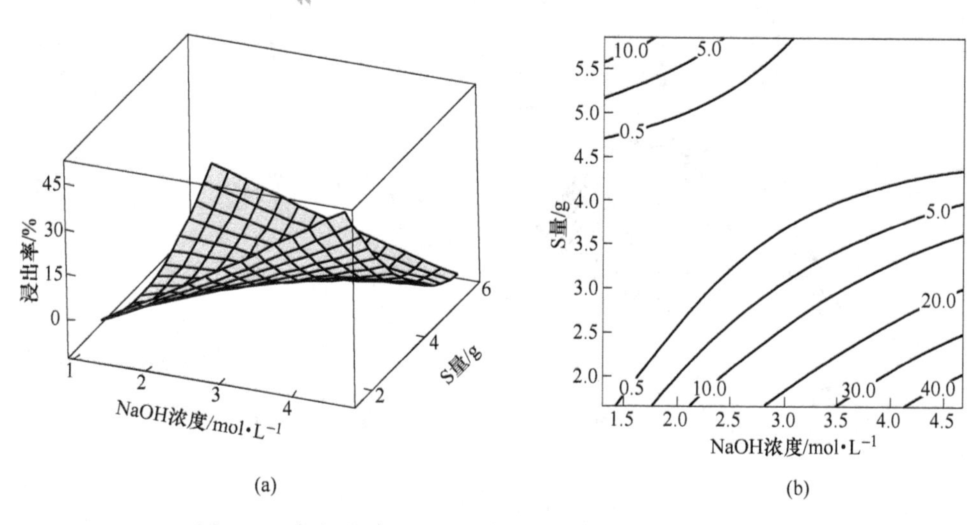

图 4-16　氢氧化钠浓度与硫黄用量对锌浸出率的交互影响

（a）响应曲面图；（b）等值线图

至2%，然后急剧增加至20%以上，这个想象与单因素试验结果相矛盾。因此，在高砷烟尘氢氧化钠-硫黄选择性浸出脱砷过程中要实现尽可能低的锑浸出率，若氢氧化钠浓度越高，则需要的硫黄用量越多。

由图 4-16 可知，锌浸出率的变化趋势与氢氧化钠浓度和硫黄用量的关系比较复杂。在硫黄用量低于4.5g之前，锌浸出率随着氢氧化钠浓度的增加而增加；当硫黄用量高于4.5g之后，锌浸出率随着氢氧化钠浓度的增加而降低。在高浓度的氢氧化钠溶液中，锌的浸出率高达40%以上，而随着硫黄用量的增加，锌浸出率逐渐降低至零。在低浓度的氢氧化钠溶液（如1.5mol/L）中，当硫黄用量增加至5.0g以后，锌浸出率急剧增加至10%以上，这个想象与单因素试验结果相矛盾。因此，在高砷烟尘氢氧化钠-硫黄选择性浸出脱砷过程中要实现尽可能低的锌浸出率，若氢氧化钠浓度越高，则需要的硫黄用量越多。

从前面的单因素条件实验可知，锑和锌的浸出率随着氢氧化钠浓度从1.0mol/L增加至1.5mol/L时分别达到最高值，然后随着氢氧化钠浓度的继续增加而逐渐降低，而 Minitab®15 软件在采用二阶模型进行拟合时没有考虑到这个情况，从而导致模型在此处失真。

4.5.4　氢氧化钠浓度与浸出温度的交互影响

当硫黄用量保持在中位置（3.75g）时，氢氧化钠浓度和浸出温度对高砷烟尘浸出过程中砷、锑和锌浸出率的交互影响分别如图 4-17 ~ 图 4-19 所示。从各图中等值线的形状可以很明显地看出氢氧化钠浓度和浸出温度的交互作用很显著。

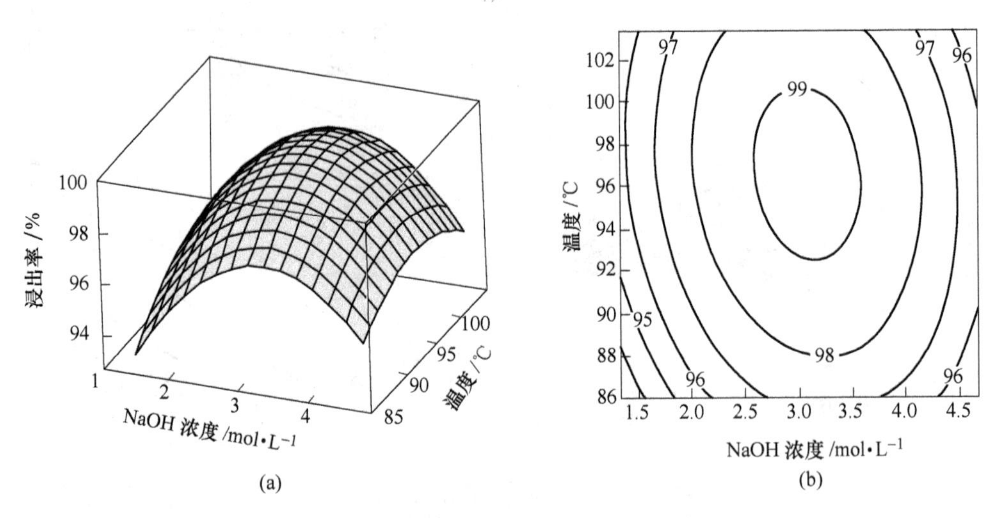

图 4-17 氢氧化钠浓度与浸出温度对砷浸出率的交互影响

（a）响应曲面图；（b）等值线图

由图 4-17 可知，砷浸出率随着氢氧化钠浓度的增加而增加；浸出温度在 96℃之前，砷浸出率随着浸出温度的升高而增加，与单因素条件实验结果相符，但是在 96℃以后，温度越高，砷浸出率反而越低，与单因素条件实验结果不符，二阶模型在此处失真。

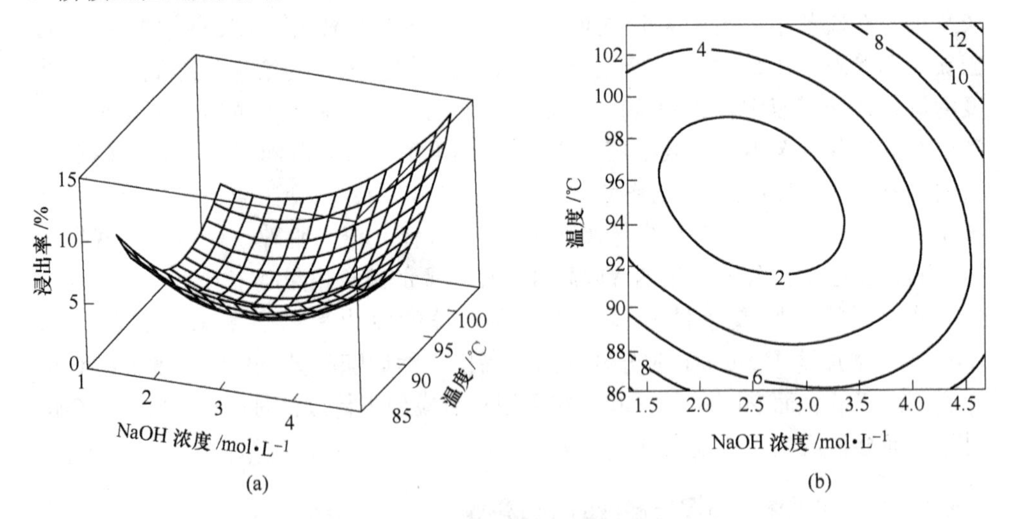

图 4-18 氢氧化钠浓度与浸出温度对锑浸出率的交互影响

（a）响应曲面图；（b）等值线图

由图 4-18 可知，锑浸出率随着浸出温度的增加先降低然后增加；氢氧化钠浓度在 2.5mol/L 之前，锑浸出率随着氢氧化钠浓度的增加而降低，与单因素条件实验结果相符，但是在3.0mol/L以后，氢氧化钠浓度越高，锑浸出率反而越来越大，与单因素条件实验结果不符，二阶模型在此处失真。因此，在高砷烟尘氢氧化钠-硫黄选择性浸出脱砷过程中要实现尽可能低的锑浸出率，浸出温度必须控制在92～99℃之间。

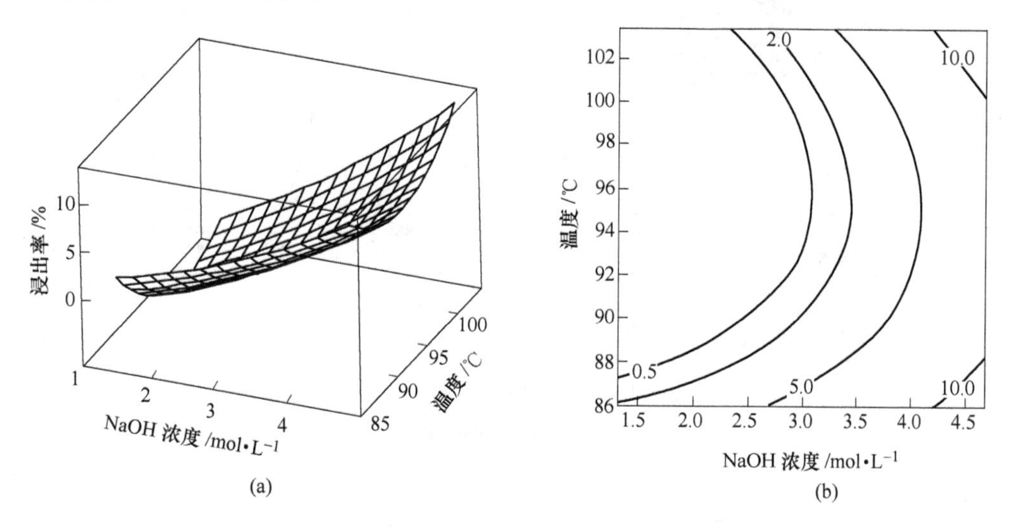

图4-19 氢氧化钠浓度与浸出温度对锌浸出率的交互影响
（a）响应曲面图；（b）等值线图

由图4-19可知，锌浸出率随着氢氧化钠浓度的增加而增加，而在单因素条件实验中，当氢氧化钠浓度在2.0mol/L之前锌的浸出率是随着氢氧化钠浓度的增加而降低的，且在2.0mol/L时锌浸出率达到最低值。浸出温度在95℃以前，锌浸出率随着浸出温度的增加而降低，与单因素条件实验结果相符；但是浸出温度在96℃以后，浸出温度越高，锌浸出率反而越来越高，这个想象与单因素条件实验结果不符。因此，在高砷烟尘氢氧化钠-硫黄选择性浸出脱砷过程中要实现尽可能低的锌浸出率，氢氧化钠浓度的必须控制在3.0mol/L以内。

4.5.5 硫黄用量与浸出温度的交互影响

当氢氧化钠浓度保持在中位置（3.0mol/L）时，硫黄用量和浸出温度对高砷烟尘浸出过程中砷、锑和锌浸出率的交互影响分别如图4-20～图4-22所示。从各图中等值线的形状可以很明显地看出氢氧化钠浓度和硫黄用的交互作用很显著。

由图4-20可知，硫黄用量在4.5g之前，砷浸出率随着硫黄用量的增加而急剧增加；进一步增加硫黄的用量，砷浸出率反而开始逐渐降低。砷浸出率随着浸出温度的增加有小幅度的增加。

由图4-21可知，锑浸出率随着硫黄用量的增加首先降低然后逐渐增加。当

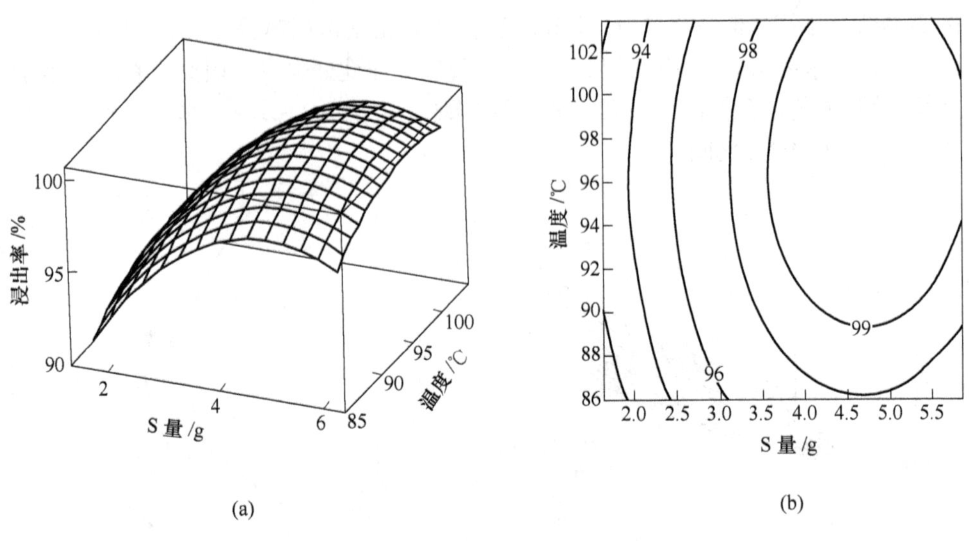

图4-20 硫黄用量与浸出温度对砷浸出率的交互影响
（a）响应曲面图；（b）等值线图

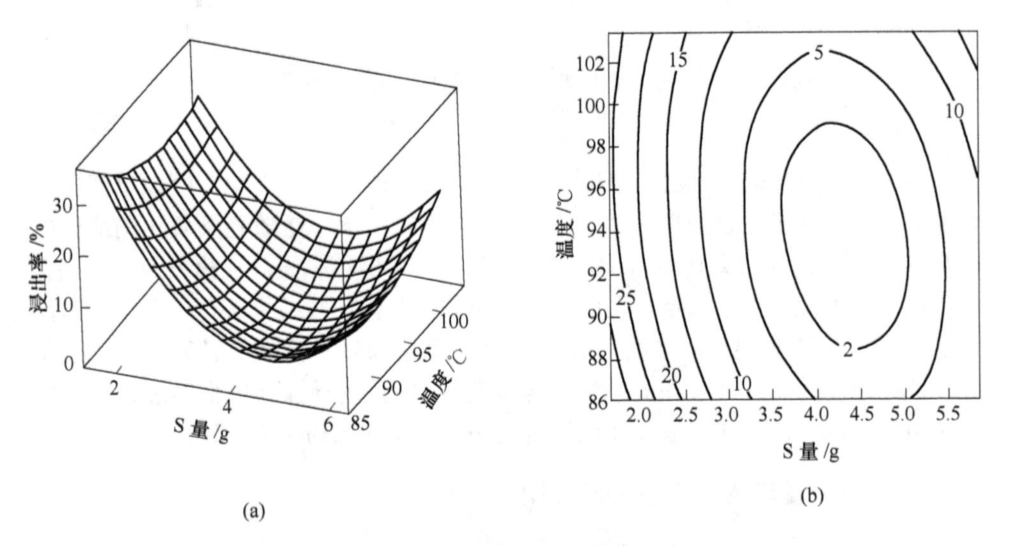

图4-21 硫黄用量与浸出温度对锑浸出率的交互影响
（a）响应曲面图；（b）等值线图

浸出温度逐渐升高时，锑浸出率首先降低至2%以内，然后逐渐增加至5%以上。因此，在高砷烟尘氢氧化钠-硫黄选择性浸出脱砷过程中要实现尽可能低的锑浸出率，浸出温度必须控制在89～99℃之间，硫黄用量必须控制在3.75～5.0g之间。

由图4-22可知，当硫黄用量在4.0g以前，锌浸出率随着硫黄用量的增加而

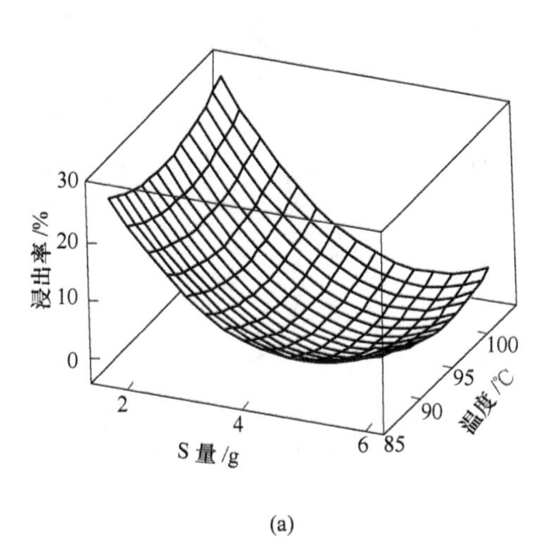

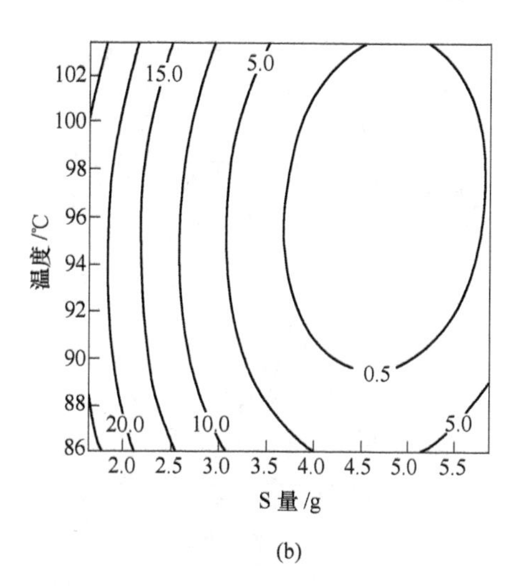

图 4-22　硫黄用量与浸出温度对锌浸出率的交互影响

(a) 响应曲面图；(b) 等值线图

逐渐降低，与单因素条件实验结果相符；但是当硫黄用量增加至 5.0g 以后，锌浸出率随着硫黄用量的增加而逐渐增加，这个想象与单因素条件实验结果不符。浸出温度在 95℃以前，锌浸出率随着浸出温度的增加而降低，与单因素条件实验结果相符；但是浸出温度在 96℃以后，浸出温度越高，锌浸出率反而越来越高，这个想象与单因素条件实验结果不符。因此，在高砷烟尘氢氧化钠-硫黄选择性浸出脱砷过程中要实现尽可能低的锌浸出率，浸出温度必须控制在 90℃以上，硫黄用量必须控制在 3.75g 以上。

4.5.6　优化区域的确定

从砷、锑和锌浸出率与氢氧化钠浓度、硫黄用量和浸出温度的响应曲面图及其等值线图（即图 4-14 ~ 图 4-22）中可知，对提高砷浸出率的影响作用大小依次为氢氧化钠浓度 > 硫黄用量 > 浸出温度，对降低锑浸出率的影响作用大小依次为硫黄用量 > 浸出温度 > 氢氧化钠浓度，对降低锌浸出率的影响作用大小依次为磺黄用量 > 氢氧化钠浓度 > 浸出温度。

在高砷烟尘氢氧化钠-硫黄选择性浸出脱砷过程中，首先考虑尽可能高的砷浸出率，在此基础上抑制其他元素的浸出。根据单因素条件实验结果和后续锑、铟浸出工序的实际需要，确定各元素浸出率的优化目标区域为 $Y_{As} \geqslant 99\%$ 、$Y_{Sb} \leqslant 2\%$ 和 $Y_{Zn} \leqslant 0.5\%$ 。

图 4-23 所示为不同氢氧化钠浓度时砷、锑和锌浸出率等值线叠加图。

由图 4-23 可以看出，当初始氢氧化钠浓度为 2.0mol/L，可以获得满足 $Y_{Sb} \leqslant$

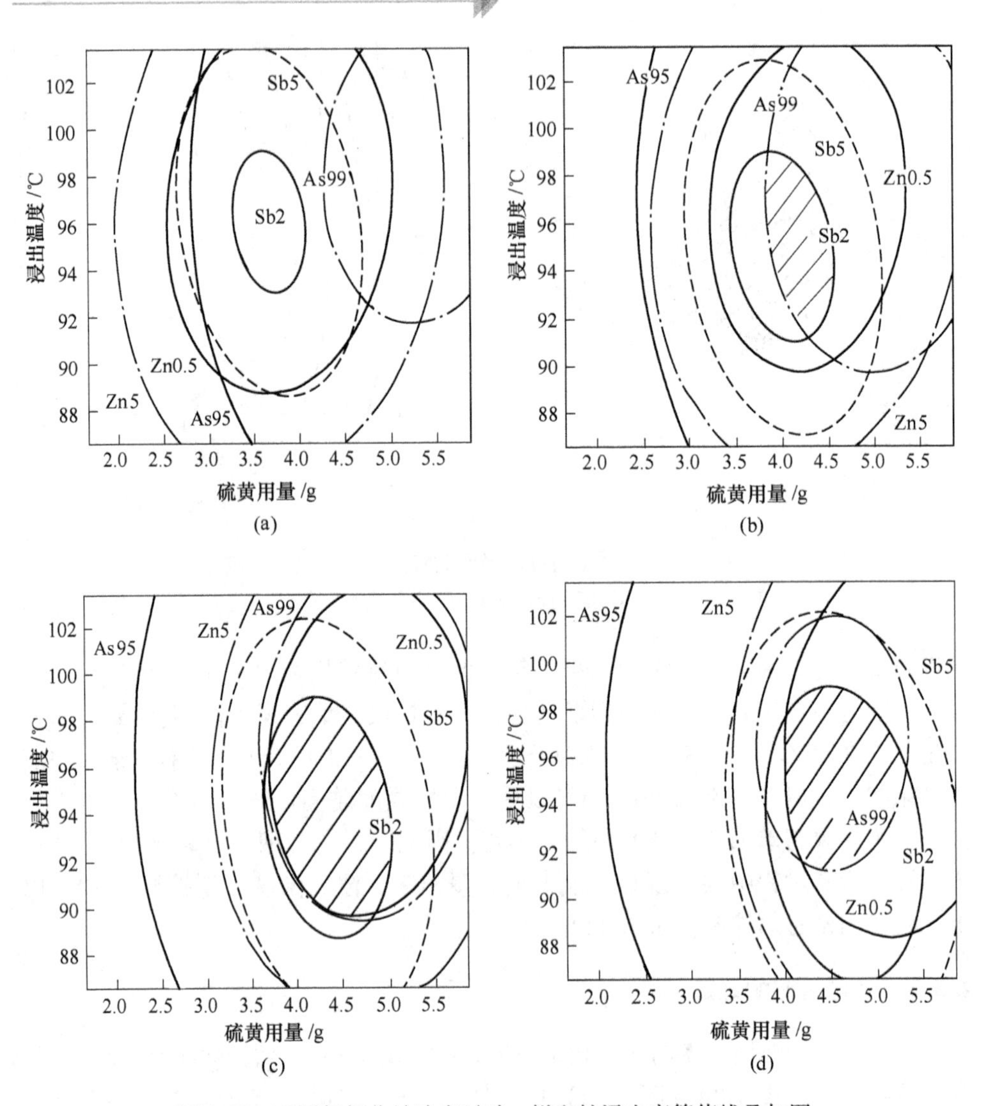

图 4-23　不同氢氧化钠浓度时砷、锑和锌浸出率等值线叠加图

（a）氢氧化钠浓度为 2.0mol/L；（b）氢氧化钠浓度为 2.5mol/L；

（c）氢氧化钠浓度为 3.0mol/L；（d）氢氧化钠浓度为 3.5mol/L

2% 及 $Y_{Zn}\leqslant 0.5\%$ 的区域，但是无法获得同时满足 $Y_{As}\geqslant 99\%$、$Y_{Sb}\leqslant 2\%$ 和 $Y_{Zn}\leqslant 0.5\%$ 的区域。随着初始氢氧化钠浓度的增加，$Y_{As}\geqslant 99\%$ 的区域面积扩大，而当初始氢氧化钠浓度超过 3.5mol/L 以后，因为砷酸钠在高浓度氢氧化钠溶液中溶解度下降的缘故，$Y_{As}\geqslant 99\%$ 的区域面积有所减小；随着初始氢氧化钠浓度的增加，$Y_{Sb}\leqslant 2\%$ 的区域面积越来越大，且向硫黄用量增加的方法移动，这个现象说明只有硫黄用量足够，$Y_{Sb}\leqslant 2\%$ 的目标是可以实现的；锌浸出率随着初始氢氧化钠浓度的增加而增加，当初始氢氧化钠浓度增加时，需要增加硫黄的用量才能确

保 $Y_{Zn}\leqslant 0.5\%$。根据以上的相关分析可知，在初始氢氧化钠浓度为2.5～3.5mol/L时，加入足够量的硫黄以及维持90℃以上的高温反应一定时间，是可以实现 $Y_{As}\geqslant 99\%$、$Y_{Sb}\leqslant 2\%$ 和 $Y_{Zn}\leqslant 0.5\%$ 的目标的。

根据图4-23的等值线叠加图，在初始氢氧化钠浓度分别为2.5mol/L、3.0mol/L和3.5mol/L时分别选取优化目标区域内的实验点开展验证实验，用于考察砷、锑和锌浸出率二阶拟合模型（式（4-20）～式（4-22））的合适性和准确性，结果见表4-17。从表4-17中可知，砷的浸出率与理论预测值吻合得比较好，各个实验点获得的砷、锑、锌浸出率基本上满足 $Y_{As}\geqslant 99\%$、$Y_{Sb}\leqslant 2\%$ 和 $Y_{Zn}\leqslant 0.5\%$ 的目标要求，说明采用响应曲面法对高砷烟尘氢氧化钠-硫黄选择性浸出脱砷过程进行优化是比较成功的。

表4-17 优化区域内验证实验

实验点	条件	砷浸出率/%		锑浸出率/%		锌浸出率/%	
		预测值	实验值	预测值	实验值	预测值	实验值
1	X_1 = 2.5mol/L X_2 = 4.0g X_3 = 95℃	99.24	99.09	0.92	1.75	-2.14	0.25
2	X_1 = 3.0mol/L X_2 = 4.0g X_3 = 95℃	99.95	99.32	0.47	1.62	-2.21	0.27
3	X_1 = 3.5mol/L X_2 = 4.5g X_3 = 95℃	99.30	99.24	0.27	1.88	-3.38	0.38

4.6 高砷烟尘氢氧化钠-硫黄浸出动力学研究

高砷烟尘氢氧化钠-硫黄浸出动力学研究主要是采用宏观化学动力学原理对浸出过程的反应机理进行研究，通过实验研究浸出温度、搅拌强度、浸出时间等参数对高砷烟尘浸出过程中砷浸出率的影响，分析高砷烟尘浸出过程中的反应机理，揭示高砷烟尘浸出过程中的控制性步骤，建立高砷烟尘浸出过程相关的数学模型，推导出高砷烟尘浸出过程中的浸出动力学方程，找出提高砷浸出率的有效措施，强化高砷烟尘碱浸过程中砷的浸出并促进其在工程上的应用。

4.6.1 浸出动力学理论及研究方法

高砷烟尘的氢氧化钠-硫黄浸出是一个典型的液固反应过程，而液固反应在湿法冶金中是一类非常重要的反应。冶金过程中的液固反应主要有原料的浸出、浸出液的净化和目标产物的沉淀等，其典型的特点是反应在固体与流体相之间进行。完整的液固反应过程如式（4-23）所示：

$$aA_{(s)} + bB_{(l)} = eE_{(s)} + dD_{(l)} \tag{4-23}$$

式中，$A_{(s)}$为固体反应物；$B_{(l)}$为液体反应物；$E_{(s)}$为固体生成物；$D_{(l)}$为液体生成物。

具体到某一个液固反应，其途径的过程可能会缺少 A、B、E、D 中一项或者两项而不尽相同，但是反应过程中至少应包括一个固相和一个液相。

目前，最常见的模拟液固多相反应的模型主要是收缩未反应核模型，其反应特征是发生化学反应的界面由颗粒表面不断向颗粒的中心缩小，刚开始反应时颗粒的外表面与液相完全接触反应，随着反应的进行不断形成新的固体产物层，被固体产物层包裹的是还未参与反应的芯部，两者的交界面即为发生反应的反应面，液相通过渗透穿过固体产物层而到达反应界面与未反应的固体发生反应，固体产物层不断向颗粒内部扩展，未反应核芯不断缩小直至消失。收缩未反应核模型又分为粒径不变和粒径缩小的两类收缩未反应核模型。前者缩核模型特点是反应过程颗粒的粒径大小不变，有固相产物层生成；后者缩核模型特点是反应过程颗粒的粒径大小不断缩小，无固相产物层生成，产物溶解或以离子形态进入液相中。在实际的湿法冶金浸出过程中，原料颗粒中除目标金属元素之后一般还含有大量的杂质成分，在浸出反应过程中颗粒外一般会形成一层难于脱落的固体产物层，颗粒的尺寸大小几乎不会变化。如果此产物致密则不管是反应物还是生成物都难以在其中扩散，那么反应过程主要受固体产物层的内扩散控制；如果形成的固体产物层疏松多孔，反应物和产物极易通过，那么化学反应就将是整个反应速率的控制步骤。

“收缩未反应核模型”中的化学反应过程包括：反应物 B 由液相中通过边界层向固体反应产物 E 的表面扩散，即外扩散；反应物 B 通过固体反应产物 E 向反应界面的扩散，即内扩散；反应物 B 与固体 A 在反应界面上发生化学反应；生成物 D 由反应界面通过固体反应产物层 E 向边界层扩散；生成物 D 由通过边界层向外扩散。当化学反应的平衡常数很大，即反应基本上不可逆时，反应速率决定于浸出剂的内扩散和外扩散阻力以及化学反应的阻力，而生成物的外扩散阻力可以忽略不计。浸出过程的速率取决于上述阻力最大的步骤，即最慢的反应步骤，例如内扩散步骤最慢时则反应过程为内扩散控制。如果其中有两个步骤的速率大体相等，并且远远小于另外步骤的速率，则反应过程为此两者的混合控制。研究高砷烟尘氢氧化钠-硫黄浸出过程动力学的主要任务就是查明砷浸出过程的控制步骤，从而有针对性地采取相应措施进行强化以促进砷的浸出。

对于球形或类球形的致密固体颗粒，如果表面各处的化学活性相同，则其在液相中的浸出反应过程受化学反应控制、内扩散控制和混合控制过程的动力学方程可分别用式（4-24）~式（4-26）表达：

$$1-(1-X)^{1/3}=kt \tag{4-24}$$

$$1-2X/3-(1-X)^{2/3}=kt \tag{4-25}$$

$$1-(1-X)^{1/3}+k_1[1-2X/3-(1-X)^{2/3}]=kt \tag{4-26}$$

式中，X 为浸出率；t 为反应时间；k 为综合速率常数；k_1 为相关系数。

在开展浸出动力学实验研究并使用上述动力学方程进行拟合时必须遵守下列条件：液相浸出剂的浓度可视为不变，因此要求浸出剂起始浓度要大大过量或者在实验过程中按照消耗量进行连续补充；反应物为单一粒度、各方向上的化学性质相同的球形或类球形致密粒子。

当搅拌速度较快同时温度较低时，外扩散通常不是控制步骤；当温度较高、化学反应速率较快、固体产物层较厚且较致密时，内扩散通常是控制步骤；当温度较低、固体产物层疏松时，内扩散速率比较快，则化学反应通常称为控制步骤。当浸出反应过程处于不同的控制步骤之下时，浸出温度对反应速率的影响是不同的。当浸出反应过程受化学反应控制时，浸出反应速率随着浸出温度的升高而急剧增加；当浸出反应过程受扩散控制时，浸出温度的变化对浸出率的影响没有在受化学反应控制时显著，这是因为化学反应速率受到反应物在固体产物层扩散系数的影响，而浸出温度对反应物扩散系数的影响远不及对化学反应速率的影响。

在浸出反应过程动力学研究中，首先通过动力学实验获得不同浸出温度下浸出率与浸出时间的关系，然后采用各种控制模型对实验获得的数据进行线性拟合，选择最合适的拟合模型，各拟合直线的斜率即为相应条件下的反应表观速率常数 k，反应表观速率常数 k 与绝对温度 T 的关系可用 Arrhenius 公式表示：

$$k=Ae^{-E/(RT)} \tag{4-27}$$

式中，k 为反应表观速率常数；A 为频率因子；E 为反应活化能；R 为气体常数。

将式（4-27）两边取对数，可得：

$$\ln k=\ln A-E/(RT) \tag{4-28}$$

以不同温度下的 $\ln k$ 对 $1/T$ 作图，可以得到 Arrhenius 图，图中直线的斜率为 $-E/(RT)$，由此就可以计算得到浸出反应的表观活化能 E 的数值，从而判断浸出反应的控制步骤和提高浸出反应速率的方法；同时，由直线的截距 $\ln A$ 就可以计算得到频率因子 A 的数值。

4.6.2 实验方法及步骤

由 2.1.5 小节的高砷烟尘扫描电镜及能谱分析结果可知，高砷烟尘颗粒满足“反应物为单一粒度、各方向上的化学性质相同的球形或类球形致密粒子”的要求；动力学研究实验选择浸出液固比为 100，通过理论计算，浸出反应截止后浸出液中 NaOH 的浓度相对于浸出开始前液相中 NaOH 的浓度只降低了 0.5% 左右，满足“液相浸出剂的浓度可视为不变”的要求。

高砷烟尘氢氧化钠-硫黄浸出动力学研究实验装置示意图与图 2-4 所示装置相同。综合考虑高砷烟尘氢氧化钠-硫黄浸出优化实验条件，确定的动力学研究实验条件为：高砷烟尘为 4.0g、硫黄为 0.3g、硫黄粒度小于 0.175mm（80 目）、NaOH 浓度为 3.0mol/L、液固比（高砷烟尘质量与氢氧化钠溶液体积之比）为 100、搅拌速度为 400r/min。

实验步骤：按照实验要求称取 48g NaOH，溶解于 400mL 纯水中，倒入 500mL 四口圆底烧瓶中，将四口圆底烧瓶置于恒温水浴锅中，水浴加热，开启搅拌并调整搅拌速度至设定值，同时开启冷却水，使挥发的水蒸气冷凝回流，以维持浸出体系体积的恒定，当四口圆底烧瓶内氢氧化钠溶液温度达到设定温度时，将事先称好的高砷烟尘和硫黄倒入四口烧瓶中，然后开始计时，在反应时间分别为 0.5min、1.0min、2.0min、3.0min、5.0min、10min、15min、20min 和 30min 时取样。每次用 10mL PP 针筒抽取 5mL，套上针筒式滤膜过滤器，过滤于 10mL 刻度试管内，取 1mL 滤液，移入 50mL 高型烧杯中，加入 1mL 双氧水氧化 10min，微沸 2min，取下稍冷，加入 15mL 浓盐酸酸化，移至 100mL 容量瓶中，定容、摇匀。

将酸化后液稀释至合适浓度，采用原子荧光光度计分析溶液中砷的浓度，按照式（4-29）计算高砷烟尘氢氧化钠-硫黄浸出动力学研究实验中砷的浸出率。

$$X = \frac{Vc}{10m_0\omega_0} \times 100\% \tag{4-29}$$

式中，X 为砷浸出率,%；m_0为浸出前样品的质量，g；ω_0为样品中砷的含量,%；V 为浸出液的体积，mL；c 为浸出液中砷的浓度，g/L。

4.6.3 浸出动力学曲线

按照上文中所述实验条件开展了高砷烟尘氢氧化钠-硫黄浸出过程动力学研究实验，得到了不同温度下砷浸出率随浸出时间变化关系图，如图 4-24 所示。

由图 4-24 可知，在考察的所有浸出温度下，随着浸出时间的增加，砷浸出率的变化趋势是相同的；砷浸出率随着浸出时间的增加首先急剧增加，然后趋于平缓。在浸出温度为 25℃ 和 50℃ 时，当浸出时间增加至 10min 时砷的浸出基本达到平衡，砷的浸出率分别达到 90% 和 93% 左右；在浸出温度为 75℃ 和 95℃ 时，当浸出时间增加至 5min 时砷的浸出基本达到平衡，砷的浸出率分别达到 95% 和 96% 左右。浸出率的变化正比于浸出反应速率，在高砷烟尘氢氧化钠-硫黄浸出过程中，不同浸出温度下砷浸出率的增加速率大体相同，浸出温度的增加对砷浸出反应速率的影响不大，可以初步认为砷的浸出反应过程受扩散控制的可能性比较大。

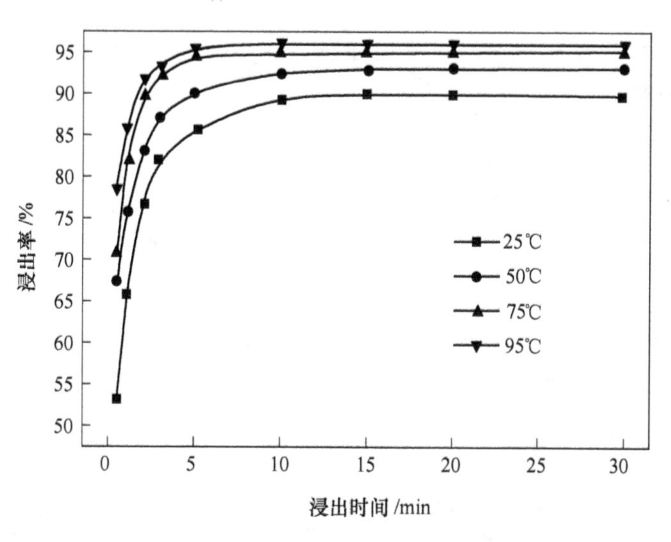

图 4-24 不同温度下 As 浸出率与浸出时间的关系

首先采用经典的收缩未反应核模型对高砷烟尘氢氧化钠-硫黄的浸出过程进行模拟。在剧烈的搅拌条件下，颗粒外边界层的厚度很薄，浸出剂达到颗粒表面的速率很快，一般来说浸出过程不受外扩散控制。因此，利用图 4-25 中的实验数据，采用收缩未反应核模型中的化学反应控制和内扩散控制模型对砷的浸出曲线进行拟合，在动力学模型拟合过程中，当浸出温度为 25℃和 50℃时，采用 0 ~ 10min 之间的数据来分析砷浸出率与时间的关系；当浸出温度为 75℃和 95℃时，采用 0 ~ 5min 之间的数据来分析砷浸出率与时间的关系。不同温度下的砷浸出曲线拟合情况见表 4-18。

表 4-18 不同浸出温度下动力学模型的相关系数（R^2）

浸出温度/℃	相关系数（R^2）	
	$1-(1-X)^{1/3}$	$1-2X/3-(1-X)^{2/3}$
25	0.8580	0.8642
50	0.8734	0.8965
75	0.9220	0.9393
95	0.9280	0.9309

由表 4-18 可知，高砷烟尘氢氧化钠-硫黄浸出过程中砷的浸出不符合收缩未反应核模型。由图 4-25 可知，高砷烟尘氢氧化钠-硫黄浸出过程中砷的初始浸出反应速率很大，砷的浸出率在 0.5min 即达到 50% 以上；随着浸出反应时间的延长，砷的浸出反应速率逐渐减小，砷浸出率增加的幅度逐渐减小，砷浸出率趋于稳定。根据文献报道，此类的液固浸出反应过程可以采用 Avrami 方程进行模拟，

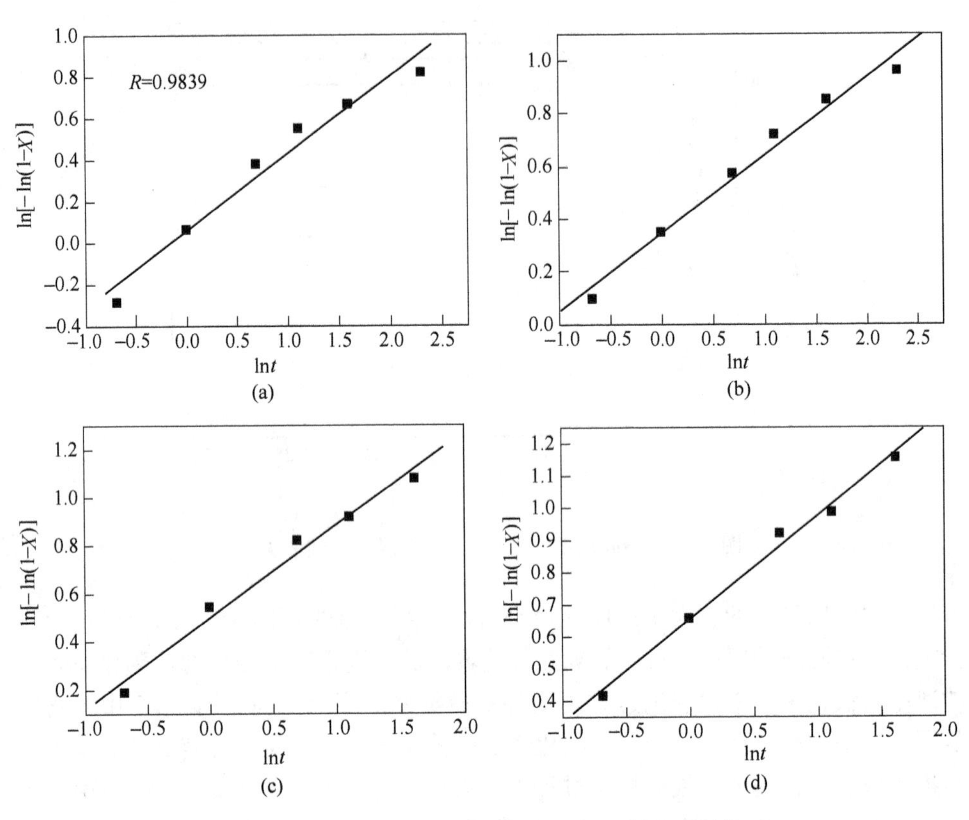

图 4-25　不同温度下砷的 ln[- ln(1 - X)]与 lnt 的关系

(a) 298K；(b) 323K；(c) 348K；(d) 368K

其方程式如式（4-30）所示：

$$-\ln(1-X)=kt^{n} \tag{4-30}$$

式中，X 为砷的浸出率；k 为浸出过程的表观反应速率常数；t 为浸出时间；n 为特征常数，仅与固体晶粒的几何形状和本征性质有关，不随反应条件而变，当 $n<1$ 时，对应初始表观反应速率极大，但是随着浸出时间的延长，表观反应速率不断减小的浸出体系。

对式（4-30）两边同时取自然对数，可以得到：

$$\ln[-\ln(1-X)]=\ln k+n\ln t \tag{4-31}$$

将各浸出温度下不同浸出时间对应的 As 浸出率代入 $\ln[-\ln(1-X)]$ 中，并分别对 $\ln t$ 作图可得到如图 4-25 所示的不同浸出温度下砷的 $\ln[-\ln(1-X)]$ 与 $\ln t$ 的关系图。

由图 4-25 可知，不同浸出温度下浸出率与浸出时间之间的拟合直线的相关系数在 0.9839 ~ 0.9962 之间，各拟合直线的线性相关性很显著，砷的浸出率数据很好地满足线性回归关系；不同浸出温度下浸出率与浸出时间之间的拟合直线

的斜率 n 在 0.29 ~ 0.38 之间，平均值为 0.34，符合 Avrami 方程使用的前提条件。298 ~ 368K 温度范围内 $\ln[-\ln(1-X)]$ 与 $\ln t$ 线性回归方程见表 4-19。

表 4-19　298 ~ 368K 温度范围内 $\ln[-\ln(1-X)]$ 与 $\ln t$ 关系

T/K	回 归 方 程	相关系数 R
298	$\ln[-\ln(1-X)] = 0.05779 + 0.37191\ln t$	0.9839
323	$\ln[-\ln(1-X)] = 0.3454 + 0.29493\ln t$	0.9906
348	$\ln[-\ln(1-X)] = 0.50191 + 0.38393\ln t$	0.9917
368	$\ln[-\ln(1-X)] = 0.6564 + 0.32029\ln t$	0.9962

4.6.4 表观活化能和控制步骤

由式（4-31）可知，图 4-25 中不同浸出温度下浸出率与浸出时间之间的拟合直线在坐标轴上的截距值代表 $\ln k$。根据式（4-28），以 $\ln k$ 对 $1/T$ 作图，通过直线斜率可求得浸出反应表观活化能。图 4-26 是高砷烟尘氢氧化钠-硫黄选择性浸出过程砷的 $\ln k$ 与 $1/T$ 的关系图，其回归方程式为：$Y = 3.15049 - 916.78X$。根据回归方程可计算得到高砷烟尘氢氧化钠-硫黄选择性浸出过程中的表观活化能为 7.62kJ/mol。一般冶金过程中的化学反应该由扩散过程控制时，其表观活化能小于约 10kJ/mol，由前面的分析已经排除了外扩散控制的可能，因此，根据活化能值可以判断高砷烟尘氢氧化钠-硫黄选择性浸出过程中砷的浸出反应为固膜内扩散控制过程，推测该固膜是由高砷烟尘中未反应的硫化铅和浸出反应产物硫化铅、硫化锌、水合锑酸钠组成。

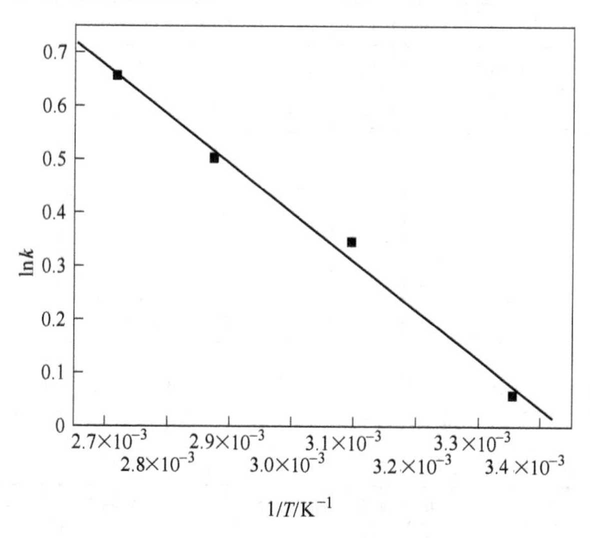

图 4-26　浸出过程砷的 $\ln k$ 与 $1/T$ 的关系

由式（4-28）和图 4-26 中拟合直线在坐标上的截距可计算得到频率因子 A

为23.35。故高砷烟尘氢氧化钠-硫黄选择性浸出脱砷过程中砷的浸出反应速率常数 k_{As} 与 T 的函数关系式为：

$$k_{As} = 0.23 \times 10^{2} \times \exp(-0.917 \times 10^{3}/T) \tag{4-32}$$

4.7 高砷烟尘循环浸出实验研究

4.7.1 高砷烟尘循环浸出及锡的影响研究

在高砷烟尘氢氧化钠-硫黄选择性浸出脱砷过程中，为了保证较高的砷浸出率，加入的氢氧化钠数量远远高于理论消耗量，经分析，碱浸液中氢氧化钠浓度在80g/L左右。因此，将碱浸液脱砷后返回高砷烟尘的浸出可以节约氢氧化钠的使用量，同时避免废水的产生及排放。

循环浸出实验过程：取50g高砷烟尘，按照4.4.7节中的优化实验条件进行浸出，浸出结束后趁热过滤，向碱浸液中加入双氧水氧化30min，氧化终点电位为-180mV，然后冷却至室温结晶2h，碱浸液氧化及结晶过程控制搅拌速度为200r/min。结晶结束后真空抽滤，得到白色砷酸钠结晶和结晶母液；按照优化实验条件，结晶母液补加适量氢氧化钠和硫黄返回高砷烟尘浸出。循环浸出实验结果见表4-20和表4-21。

表4-20 高砷烟尘循环浸出实验结果

实验编号	浸出液体积/mL	浸出液中各元素浓度/g·L⁻¹							浸出渣	
		As	Sb	Pb	Sn	Zn	Cu	Fe	质量/g	As/%
浸出1	345	14.30	0.18	0.012	1.54	0.016	0.004	0.012	41.28	0.078
浸出2	340	16.88	0.26	0.012	2.12	0.020	0.006	0.013	48.20	0.062
浸出3	340	16.72	0.24	0.014	2.43	0.012	0.006	0.013	47.55	0.071
实验编号	结晶后液体积/mL	结晶后液中各元素浓度/g·L⁻¹							结晶	
		As	Sb	Pb	Sn	Zn	Cu	Fe	质量/g	As/%
结晶1	325	2.84	0.046	0.012	1.50	0.008	0.004	0.011	12.17	30.28
结晶2	320	2.44	0.051	0.011	2.14	0.012	0.006	0.012	16.63	30.67
结晶3	320	2.38	0.042	0.016	2.42	0.010	0.005	0.012	16.70	30.03

表4-21 高砷烟尘循环浸出实验中各元素的浸出率和结晶率

实验编号	浸出率/%							实验编号	结晶率/%	
	As	Sb	Pb	Sn	Zn	Cu	Fe		As	Sb
浸出1	99.35	1.31	0.02	46.20	0.29	0.25	0.46	结晶1	80.73	75.21
浸出2	99.40	1.86	0.02	24.85	0.24	0.16	0.14	结晶2	85.98	80.98
浸出3	99.32	1.72	0.01	14.16	0.02	0.03	0.08	结晶3	86.20	83.03

注：砷的浸出率按照浸出渣估算，其他元素的浸出率按照浸出液估算；结晶率按照溶液估算。

由表4-20和表4-21可以看出，高砷烟尘氢氧化钠-硫黄浸出液经氧化—冷却结晶得到的结晶母液返回高砷烟尘的浸出，砷的浸出没有受到不利影响，在循环浸出过程中，高砷烟尘中砷的浸出率都可以达到99%以上，浸出渣中砷的含量低于0.1%，锑、铅、锌、铜和铁的浸出率分别低至2%、0.1%、0.5%、0.3%和0.5%以下，锡的浸出率随着循环浸出次数的增加从46.2%逐渐降低至14.16%；在循环浸出结晶过程中，砷和锑的结晶率随着循环浸出结晶次数的增加分别从80.73%和75.21%逐渐增加至86.20%和83.03%，结晶后液中砷和锑的含量分别为2.5g/L和0.05g/L左右，铅、锡、锌、铜和铁等元素基本上都保留在结晶后液中而没有进入砷酸钠结晶中。采用高砷烟尘氢氧化钠-硫黄循环浸出可以实现砷的选择性浸出，高砷烟尘中的锑、铅、锌、铜和铁等基本上全部被抑制在浸出渣中。

在高砷烟尘氢氧化钠-硫黄循环浸出结晶过程中，被浸出的砷和锑基本上都转移至砷酸钠结晶中，被浸出的锡却依然保留在浸出液中，随着循环浸出次数的增加，浸出液中锡的浓度从1.5g/L逐渐增加至2.42g/L（循环浸出3次），从前面的循环浸出实验结果来看，高砷烟尘中砷的脱除效果很好，并没有受到浸出液中锡酸根离子的影响。随着循环浸出次数的增加，浸出液中锡的浓度将越来越高，因此，研究了高浓度的锡酸根离子对高砷烟尘中砷脱除率的影响。实验条件为：高砷烟尘50g，氢氧化钠浓度为3.0mol/L、四水锡酸钠的用量为21.6g、硫黄的用量为3.75g、硫黄的粒度小于0.175mm(80目)、纯水300mL、浸出温度为95℃、浸出时间为2.0h、搅拌速为400r/min。浸出剂中锡的浓度约为30g/L。实验结果见表4-22和表4-23。

表4-22 高浓度锡酸钠条件下高砷烟尘浸出实验结果

实验编号	浸出液/mL	浸出液中各元素浓度/g·L^{-1}							浸出渣	
		As	Sb	Pb	Sn	Zn	Cu	Fe	质量/g	As/%
浸出1	365	13.80	0.22	0.016	24.95	0.02	0.01	0.02	41.21	0.067

实验编号	结晶后液/mL	结晶后液中各元素浓度/g·L^{-1}							结晶		
		As	Sb	Pb	Sn	Zn	Cu	Fe	质量/g	As/%	Sn/%
结晶1	345	2.64	0.05	0.015	25.24	0.01	0.01	0.02	12.42	30.95	1.07

表4-23 高浓度锡酸钠条件下高砷烟尘浸出实验中各元素的浸出率和结晶率

实验编号	浸出率/%							实验编号	结晶率/%	
	As	Sb	Pb	Sn	Zn	Cu	Fe		As	Sb
浸出1	99.44	1.68	0.02	9.28	0.38	0.66	0.81	结晶1	81.41	77.91

注：砷的浸出率按照浸出渣估算，其他元素的浸出率按照浸出液估算；结晶率按照溶液估算。

由表4-22和表4-23可以看出，在浸出液中锡的浓度高达25g/L时，高砷烟尘中砷的浸出率为99.44%，浸出渣中砷的含量为0.067%，锑、铅、锌、铜和铁的浸出率分别为1.68%、0.02%、0.38%、0.66%和0.81%，锡的浸出率为9.28%，说明高浓度锡酸钠的存在对砷的脱除没有不利影响。氧化—冷却结晶得到的砷酸钠结晶中锡的含量为1.07%，推测是固液分离时砷酸钠结晶表面吸附了少量结晶后液所导致的，在固液分离操作时用少量纯水对砷酸钠晶体进行洗涤应该可以降低砷酸钠结晶中锡的含量。

从上面的实验结果可知，多次循环浸出之后，浸出液中锡的浓度逐渐增加，每经一次循环浸出，浸出液中锡的浓度增加0.3~0.5g/L，即经过50次循环浸出之后，高砷烟尘中砷的浸出率还可以达到99%以上，浸出渣中砷的含量在0.1%以下，依然可以实现高砷烟尘中砷的选择性脱除；结晶后液中的锡酸钠可以采用石灰沉淀法回收锡酸钙产品或者加酸沉淀析出法回收锡酸钠产品，脱锡后液可以返回高砷烟尘的氢氧化钠-硫黄浸出脱砷工序。

4.7.2 循环浸出过程中硫黄的转化行为研究

通过前面的分析可知，硫黄在浸出过程中的转化行为相对复杂，有以硫化钠、硫代硫酸钠、亚硫酸钠、硫酸钠的形式存在浸出液中，也有以硫化铅和硫化锌的形式存在浸出渣中。为了研究高砷烟尘氢氧化钠-硫黄选择性浸出脱砷过程中硫黄的转化行为，采用重量-碘量法对高砷烟尘循环浸出过程中的浸出液和结晶后液中各种形态硫的含量进行了分析。

溶液中总硫的含量采用硫酸钡重量法分析，硫化钠、硫代硫酸钠和亚硫酸钠的含量采用碘量-硫代硫酸钠滴定法分析，将总硫的含量减去硫化钠、硫代硫酸钠和亚硫酸钠的含量即得硫酸钠的含量。

总硫的分析：移取5mL待测溶液至100mL高型烧杯中，加入20mL氢氧化钠溶液（1.0mol/L），滴加15mL双氧水（注意速度，防止爆沸），放置氧化10min，加入15mL盐酸溶液（1+1），盖上玻片，加热至沸腾，微沸15min，取下稍冷，在不断搅拌的条件下滴加15mL氯化钡溶液（200g/L），陈化60min，然后使用慢速定量滤纸进行过滤，滤渣先使用30mL盐酸溶液（1%）进行洗涤，然后使用纯水洗涤至洗涤水为中性。将沉淀物与滤纸一起置于105℃烘箱内干燥12h，然后置于已经灼烧恒重的刚玉坩埚内，将刚玉坩埚置于马弗炉内，待滤纸灰化后，升温至800℃，煅烧30min，取出冷却至室温，称重即得到沉淀硫酸钡的质量m。

硫化钠、硫代硫酸钠和亚硫酸钠的分析：移取20mL碘标准溶液（$c^0_{碘}$）和10mL乙酸至250mL锥形瓶中，在不断晃动锥形瓶的条件下加入5mL待测溶液，放置10min待其充分反应，用硫代硫酸钠标准溶液（$c^0_{硫代硫酸钠}$）滴定至溶液呈现亮黄色，加入1.0mL淀粉溶液（10g/L），继续滴定至蓝色消失，滴定所用总的硫代硫酸钠溶液的体积记为 V_1；移取 5mL 待测溶液至 50mL 高型烧杯中，在不断搅拌的条件下加入 20mL 硫酸锌溶液（100g/L）和 10mL 甘油溶液（15%），陈化 30min，过滤，滤渣使用纯水洗涤数次，移取 20mL 碘标准溶液（$c^0_{碘}$）和 10mL 乙酸至 250mL 锥形瓶中，在不断晃动锥形瓶的条件下加入滤液和洗涤液，放置 10min 待其充分反应，用硫代硫酸钠标准溶液（$c^0_{硫代硫酸钠}$）滴定至溶液呈现亮黄色，加入 1.0mL 淀粉溶液（10g/L），继续滴定至蓝色消失，滴定所用总的硫代硫酸钠溶液的体积记为 V_2；移取 5mL 待测溶液至 50mL 高型烧杯中，在不断搅拌的条件下加入 20mL 硫酸锌溶液（100g/L）和 10mL 甘油溶液（15%），陈化 30min，过滤，滤渣使用纯水洗涤数次，移取 20mL 碘标准溶液（$c^0_{碘}$）、10mL 乙酸和 10mL 甲醛至 250mL 锥形瓶中，在不断晃动锥形瓶的条件下加入滤液和洗涤液，放置 10min 待其充分反应，用硫代硫酸钠标准溶液（$c^0_{硫代硫酸钠}$）滴定至溶液呈现亮黄色，加入 1.0mL 淀粉溶液（10g/L），继续滴定至蓝色消失，滴定所用总的硫代硫酸钠溶液的体积记为 V_3。

溶液中不同形态硫的计算公式如式（4-33）~式（4-37）所示：

$$c_{总} = m/(233.39 \times 0.005) \tag{4-33}$$

$$c_{硫代硫酸钠} = (20c^0_{碘} - V_3 c^0_{硫代硫酸钠})/5 \tag{4-34}$$

$$c_{亚硫酸钠} = (20c^0_{碘} - 5c_{硫代硫酸钠} - V_2 c^0_{硫代硫酸钠})/10 \tag{4-35}$$

$$c_{硫化钠} = (20c^0_{碘} - 5c_{硫代硫酸钠} - 10c_{亚硫酸钠} - V_1 c^0_{硫代硫酸钠})/10 \tag{4-36}$$

$$c_{硫酸钠} = c_{总} - 2c_{硫代硫酸钠} - c_{亚硫酸钠} - c_{硫化钠} \tag{4-37}$$

式中，c 代表浓度，mol/L；m 为质量，g；V 代表体积，mL。

采用前述介绍的检测方法对 4.7.1 节中高砷烟尘循环浸出各个实验的浸出液和结晶后液中各种形态硫的含量进行了分析。分析结果见表 4-24。

表 4-24 浸出液及结晶后液中硫的分布 (mol/L)

编　号	$c_{总}$	$c_{硫代硫酸钠}$	$c_{亚硫酸钠}$	$c_{硫化钠}$	$c_{硫酸钠}$
浸出液 1	0.2655	0.0605	0.0005	0.1272	0.0167
结晶液 1	0.2674	0.0909	0.0005	0.0534	0.0317
浸出液 2	0.4349	0.1380	0.0005	0.1192	0.0392
结晶液 2	0.4357	0.1663	0.0005	0.0487	0.0539
浸出液 3	0.5786	0.2040	0.0005	0.1128	0.0574
结晶液 3	0.5833	0.2406	0.0005	0.0267	0.0749

从表 4-24 中可知，浸出液中的硫主要以硫化钠和硫代硫酸钠的形式存在，结晶后液中的硫主要以硫代硫酸钠的形似存在；氧化结晶前后溶液中总硫含量没有什么变化，氧化结晶后溶液中的硫化钠大部分被氧化成硫代硫酸钠，仅有少量硫被氧化至正六价形成硫酸钠，结晶后液中硫酸钠的含量较低的原因是因为在氧

化结晶过程中控制的氧化电位较低（为 -200mV），加入的双氧水的量不足以将溶液中的硫氧化成硫酸钠；随着循环浸出次数的增加，溶液中的总硫含量逐渐增加，且主要以硫代硫酸钠的形式存在。

在高砷烟尘氢氧化钠-硫黄浸出脱砷过程中，硫黄直接参与的反应主要如式（4-38）和式（4-39）所示。在强碱性高温浸出体系中，硫黄与三氧化二锑发生反应，锑被氧化生成水合锑酸钠，硫黄转化生成硫化钠和硫代硫酸钠，过量的硫黄则发生歧化反应生成硫化钠和硫代硫酸钠，硫黄以硫化钠和硫代硫酸钠的形式进入浸出液中；在浸出过程中有部分铅和锌以铅酸钠和锌酸钠的形式进入溶液中，当浸出液中的硫化钠遇到铅酸钠和锌酸钠时发生反应生成硫化铅和硫化锌，导致浸出液中的硫以硫化铅和硫化锌的形式进入浸出渣中，反应过程如式（4-40）和式（4-41）所示：

$$4S + 6NaOH = 2Na_2S + Na_2S_2O_3 + 3H_2O \tag{4-38}$$

$$Sb_2O_3 + 10S + 18NaOH = 2NaSb(OH)_6 + 6Na_2S + 2Na_2S_2O_3 + 3H_2O \tag{4-39}$$

$$Na_2PbO_2 + Na_2S + 2H_2O = PbS + 4NaOH \tag{4-40}$$

$$Na_2ZnO_2 + Na_2S + 2H_2O = ZnS + 4NaOH \tag{4-41}$$

从上面的分析可知，在高砷烟尘氢氧化钠-硫黄浸出过程中，硫黄作为氧化剂将浸出液中的亚锑酸钠氧化为难溶的水合锑酸钠，硫黄经歧化反应和与锑反应产生的硫化钠将进入浸出液中的铅和锌硫化沉淀为硫化铅和硫化锌，将锑、铅和锌抑制在浸出渣；在浸出液双氧水氧化结晶过程中，溶液中的硫化钠基本上都被氧化为硫代硫酸钠，同时有少量硫代硫酸钠被氧化为硫酸钠。因此，硫黄既是氧化剂又是硫化剂，硫黄的加入抑制了铅、锑和锌的浸出，同时促进了高砷烟尘中砷的溶解浸出。

本章通过氢氧化钠-硫黄选择性浸出实验，碱浸液结晶回收砷后返回高砷烟尘的浸出，实现了高砷烟尘中砷的选择性浸出，而将其他有价金属抑制在浸出渣中，在氢氧化钠浓度为 3.0mol/L、硫黄用量为 5.0g（60g 高砷烟尘）、浸出温度为 98℃、液固比（高砷烟尘质量与氢氧化钠溶液体积之比）为 5:1、浸出时间为 2h、搅拌速度为 400r/min 的条件下，砷、锑、铅、锡和锌浸出率分别为 99.14%、1.88%、0.12%、49.69%和 0.45%。砷的选择性浸出反应为固膜内扩散控制过程，推测该固膜是由高砷烟尘中未反应的硫化铅和浸出反应产物硫化铅、硫化锌、水合锑酸钠等组成。

5 碱浸液中砷的回收研究

5.1 引言

砷的消费市场主要以三氧化二砷（白砷）为主，然后进行深加工。三氧化二砷在工业方面可作为玻璃澄清剂和脱色剂，以增强玻璃制品透光性；在农业方面可用于生产杀虫剂、杀菌剂和干燥剂等；在医药方面可用来制造医药品，如三氧化二砷、亚砷酸在临床上可用于肿瘤的治疗[202,203]；在新兴电子工业方面可用于生产半导体砷化镓；三氧化二砷还可以提炼生产元素砷，进一步制备砷合金和半导体材料。

三氧化二砷的制备方法有火法工艺和湿法工艺。火法制备工艺主要有焙烧法、蒸馏法及熔炼法[204]。火法工艺具有工艺成熟、适应性强、流程短、操作简单等优点，但是由于火法工艺对环境的污染严重，生产环境恶劣，限制了其应用。湿法工艺[205~209]主要有热水浸出法、酸浸法、碱浸法、硫酸铜置换法、硫酸铁法等。一般来说，湿法工艺具有处理工艺自动化程度高、环境污染轻等优点，但生产流程长、工业废水处理困难等缺点依然存在。

本章基于不同价态砷在氢氧化钠溶液中溶解度的差异，采用“氧化—冷却结晶”工艺从高砷烟尘碱浸液中回收砷酸钠，考察了结晶温度、结晶时间、搅拌速度和氧化终点电位等因素对碱浸液砷氧化结晶率的影响；以砷酸钠结晶为原料，采用“石灰沉淀—硫酸浸出—亚硫酸还原—蒸发结晶”制备三氧化二砷产品，开展了砷酸钠溶液制备、石灰沉淀脱钠制备砷酸钙、砷酸钙硫酸浸出制备砷酸、亚硫酸还原制备亚砷酸、亚砷酸蒸发浓缩冷却结晶等研究，在此基础上优化改进，基于水溶液中砷酸根离子存在形态及分布与溶液 pH 值的关系特点，采用“稀硫酸溶解砷酸钠—冷冻结晶脱除硫酸钠—SO_2还原结晶”新工艺制备三氧化二砷产品，考察了初始 pH 值、反应温度、砷浓度、反应时间和 SO_2气体流量等因素对砷还原结晶率的影响。

5.2 碱浸液中砷酸钠结晶工艺研究

在高砷烟尘氢氧化钠—硫黄浸出实验过程中发现，碱性浸出液静置一段时间后，在容器的底部有大量白色结晶物产生，对白色结晶物进行 XRF 和 XRD 分析，结果表明白色结晶物的成分为砷酸钠。由此可见，采用冷却结晶的方式不失为一种从碱浸液中分离回收砷的有效方法。

为了确定合适的冷却结晶工艺条件，采用单因素条件试验，每次条件实验时仅仅改变一个因素的取值，考察了结晶温度、结晶时间和搅拌速度等因素对砷结晶效果的影响。在砷酸钠结晶实验开始前，按照优化浸出实验条件制备了几批碱性浸出液，将其混合、搅拌均匀后，置于80℃恒温水浴锅内（防止浸出液中砷酸钠的结晶析出），作为砷酸钠结晶实验的原料，其化学成分见表5-1。

表5-1　碱浸液的化学成分

名　称	As	Sb	Pb	Sn	Zn	Cu	Fe	NaOH
浓度/g·L^{-1}	14.84	0.56	0.032	1.21	0.01	0.002	0.005	74

5.2.1　结晶温度对砷结晶效果的影响

在碱浸液为200mL、结晶时间为2.0h、搅拌速度为200r/min的条件下，考察了结晶温度分别为20℃、30℃、40℃、50℃和60℃时对砷结晶率的影响，实验结果如图5-1所示。

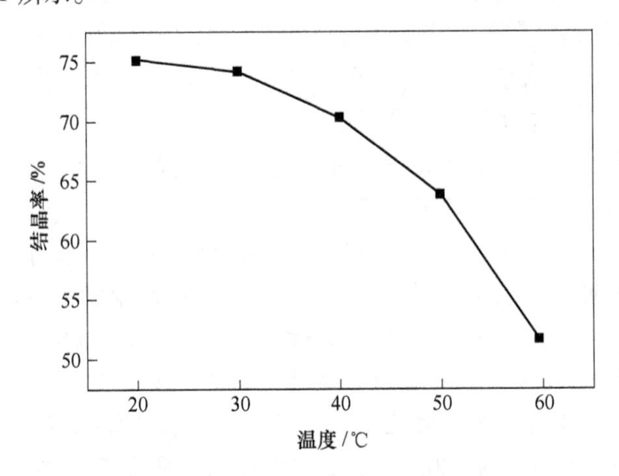

图5-1　结晶温度对砷结晶率的影响

由图5-1可知，随着结晶温度的提高，砷结晶率降低且降低的幅度越来越大。一般来说，可溶性盐类物质在水中的溶解度受温度的影响比较大，溶解度随着温度的降低而降低。因此，随着结晶温度的降低，砷酸钠的溶解度越来越低，浸出液中的砷酸钠浓度逐渐超过砷酸钠的饱和浓度，溶液的过饱和度越来越大，砷酸钠的结晶推动力越来越大，迅速形核及长大，砷酸钠的结晶率也越来越高。当结晶温度降低至30℃时，砷的结晶率达到74.18%；进一步降低至20℃时，砷的结晶率仅有细微提高，增加至75.19%。在实际生产中，30℃比较容易实现，不需要专门的制冷设备，综合考虑，结晶温度选择30℃比较合适。

5.2.2 结晶时间对砷结晶效果的影响

在碱浸液为200mL、结晶温度为30℃、搅拌速度为200r/min的条件下，考察了结晶时间分别为10min、20min、30min、45min、60min、90min、120min和180min时对砷结晶率的影响，实验结果如图5-2所示。

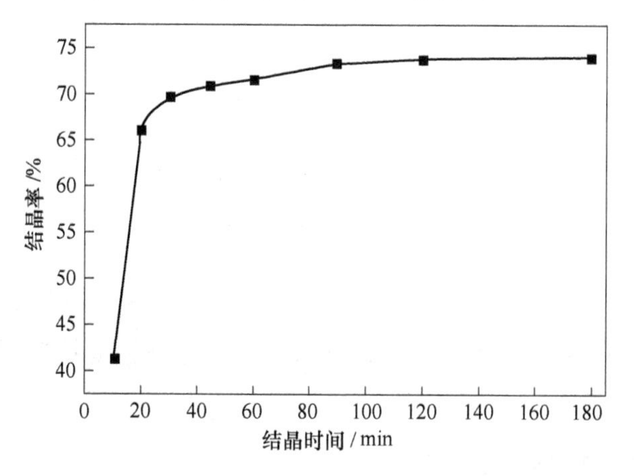

图5-2 结晶时间温度对砷结晶率的影响

由图5-2可知，随着结晶时间的增加，砷的结晶率先增加然后趋于稳定。在结晶开始的时候，因为温度急剧降低至30℃，溶液的过饱和度很大，故有大量的砷酸钠从溶液中结晶析出，结晶率迅速增加；随着结晶时间的延长，浸出液中的砷酸钠浓度越来越低，溶液的过饱和度越来越小，结晶的推动力越来越小，砷酸钠的结晶析出速率越来越慢，结晶反应趋于平衡，结晶率趋于稳定。综合考虑，结晶时间选择2h比较合适。

5.2.3 搅拌速度对砷结晶效果的影响

在碱浸液为200mL、结晶温度为30℃、结晶时间为2h的条件下，考察了搅拌速度分别为100r/min、150r/min、200r/min、300r/min和400r/min时对砷结晶率的影响，实验结果如图5-3所示。

由图5-3可知，随着搅拌速度的增加，砷的结晶率先增加然后降低。随着搅拌速度的增加，结晶体系的搅拌强度增大，溶液中过饱和的砷酸钠的介稳区宽度减小，失稳的趋势增强，其稳定性被破坏，砷酸钠从浸出液中结晶析出；另外，搅拌强度的增加，晶核与晶核、搅拌桨、烧杯壁之间的碰撞几率和强度增加，使得砷酸钠的形核和生长速度增加，砷酸钠的结晶率增加。搅拌速度的进一步增加，砷酸钠晶体因碰撞强度的加剧而碎裂，导致砷酸钠晶体难以长大，而且剧烈的搅拌还可能引起砷酸钠晶体因碰撞而产生热效应，使得砷酸钠晶粒表面的砷酸

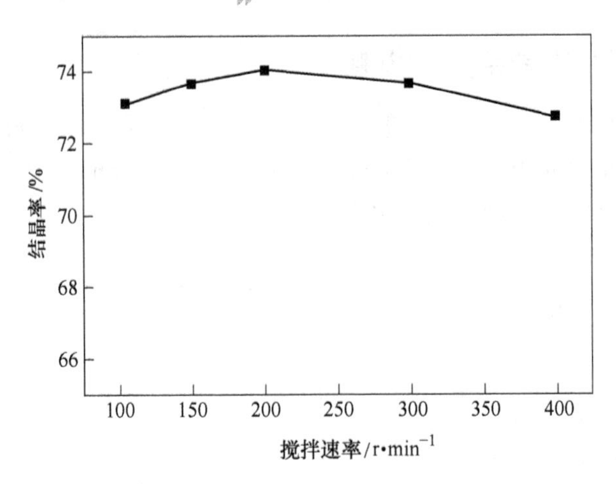

图 5-3　搅拌速度对砷结晶率的影响

钠饱和度降低，从而导致砷结晶率的降低。综合考虑，搅拌速度选择 200r/min 比较合适。

5.2.4　砷酸钠结晶优化实验

通过以上的单因素条件实验研究，可得出高砷烟尘氢氧化钠-硫黄碱性浸出液冷却结晶的优化工艺条件：结晶温度为 30℃、结晶时间为 2.0h、结晶搅拌速度为 200r/min。在此优化工艺条件下，浸出液中砷酸钠的结晶率为 73.85%。

经分析，结晶后液中残留的砷的浓度为 4.15g/L，采用溴酸钾滴定法分析发现结晶后液中的砷大部分以 As(Ⅲ) 形式存在，而 As(Ⅲ) 在氢氧化钠溶液中的溶解度远大于 As(Ⅴ) 在氢氧化钠溶液中的溶解度。因此，对碱浸液冷却结晶工艺进行优化改进：在冷却结晶之前先加入一定量的双氧水将浸出液中 As(Ⅲ) 氧化成 As(Ⅴ)，然后再冷却至室温进行结晶回收碱浸液中的砷。

改进后的砷酸钠结晶工艺实验条件为：氧化温度为 50℃，氧化终点电位为 -180mV，结晶温度为 30℃，结晶时间为 2h，搅拌速度为 200r/min。在最佳条件下，砷的结晶率为 91.30%。

将氧化—冷却结晶得到的白色砷酸钠结晶在 40℃下低温烘干，其化学成分和 XRD 谱分别见表 5-2 和图 5-4。

表 5-2　白色结晶的化学成分

元　素	As	Sb	Pb	Sn	Zn
质量分数/%	18.20	0.67	0.011	0.14	0.0085

从表 5-2 和图 5-4 可以看出：碱浸液经氧化—冷却结晶回收的含砷化合物的

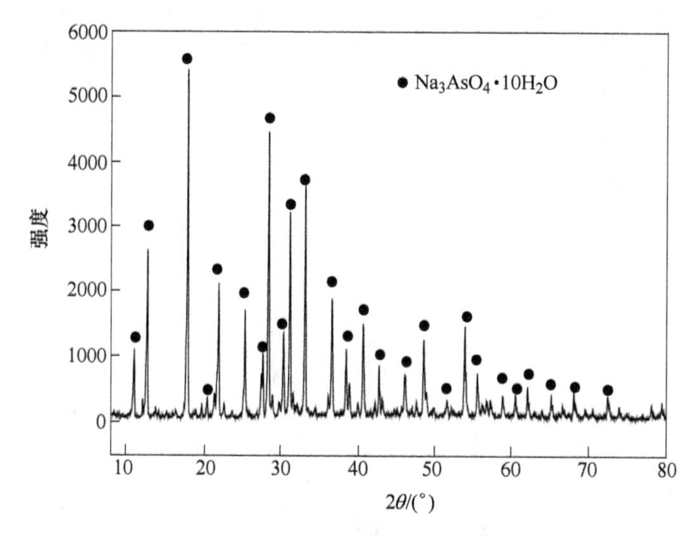

图 5-4　白色结晶的 XRD 谱

主要成分为 $Na_3AsO_4 \cdot 10H_2O$，结晶物中砷的含量为 18.2%，锑的含量为 0.67%，砷的含量稍低于 $Na_3AsO_4 \cdot 10H_2O$ 的理论砷含量（19.31%），这个是由于在氧化结晶脱砷过程中，碱浸液中的锑也被氧化进入砷酸钠结晶中。

5.3　石灰沉淀脱钠—硫酸溶解—亚硫酸还原制备三氧化二砷的研究

本研究所用实验原料为高砷烟尘氢氧化钠-硫黄浸出液经氧化—冷却结晶得到的砷酸钠晶体，砷含量为 18.2%。

5.3.1　砷酸钠溶液的制备

实验制备的砷酸钠晶体中含有少量杂质锑和锡，为制备纯度较高的三氧化二砷产品，必须对砷酸钠晶体进行纯化以除去杂质锑和锡。在 pH 值大于 7 的碱性溶液中，锑酸钠几乎不溶于水，砷酸钠的溶解度随着溶液碱度的降低而增加，而锡酸钠随着碱度的降低将以锡酸的形式从溶液中析出杂质。因此，利用砷酸钠、锑酸钠和锡酸钠三者之间溶解度的差异，直接用水溶解实验制备的砷酸钠晶体，砷酸钠将进入溶液中，锡酸钠以锡酸的形式和锑酸钠一起存在于水不溶物中，这样既制备得到后续实验需要的砷酸钠溶液，又除去了杂质锑和锡。实验发现在室温下直接用水溶解实验制备的砷酸钠晶体而制备的砷酸钠溶液的饱和砷浓度为 21.08g/L，为避免饱和砷酸钠溶液中砷的结晶析出，为后续实验而准备的砷酸钠溶液中的砷浓度控制在 20g/L。水不溶物的 XRD 谱如图 5-5 所示。从图 5-5 可知，水不溶物的主要成分为水合锑酸钠。

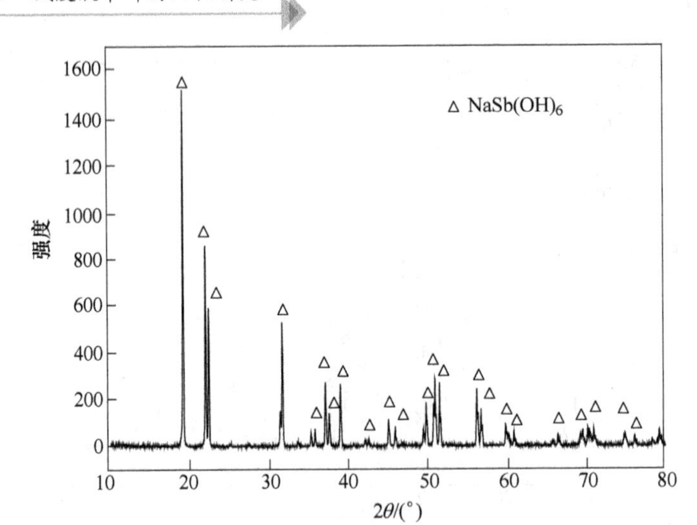

图 5-5 水不溶物的 XRD 谱

5.3.2 石灰沉淀脱钠研究

5.3.2.1 正交实验设计

根据文献资料和专业常识，在砷酸钠溶液石灰沉淀过程中，影响砷沉淀转化率的 4 个主要因素为初始 pH 值、钙砷摩尔比、反应温度和反应时间。每个因素分别取 4 个水平做实验，得因素与水平表见表 5-3。不考虑浸出实验过程中各因素之间的相互作用，选择 $L_{16}(4^4)$ 正交实验设计表，实验的设计见表 5-4。其他实验条件为：砷酸钠溶液体积 300mL、砷酸钠溶液中砷浓度 20g/L、搅拌速度为 300r/min。因氢氧化钙在水中溶解度较低，直接将氢氧化钙或者氧化钙加入砷酸钠溶液中很容易形成结块，反应生成的砷酸钙包裹在结块的氢氧化钙外面，导致氢氧化钙的利用率降低，因此，实验过程中首先将氧化钙与少量水混合，然后在超声波清洗器内搅拌数分钟至糊状，将氢氧化钙以石灰乳的形式加入到砷酸钠溶液中，可以大大地降低氧化钙的使用量。

表 5-3 因素与水平

水 平	因 素			
	A	B	C	D
	初始 pH 值	钙砷摩尔比	反应温度/℃	反应时间/h
1	$A_1=10$	$B_1=1$	$C_1=80$	$D_1=0.5$
2	$A_2=11$	$B_2=2$	$C_2=85$	$D_2=1.0$
3	$A_3=12$	$B_3=3$	$C_3=90$	$D_3=2.0$
4	$A_4=13$	$B_4=4$	$C_4=95$	$D_4=3.0$

表 5-4 $L_{16}(4^4)$ 正交实验设计

列号	1	2	3	4
实验号	*A*	*B*	*C*	*D*
	初始 pH 值	钙砷摩尔比	反应温度/℃	反应时间/h
1	1(10)	1(1)	1(80)	1(0.5)
2	1	2(2)	2(85)	2(1.0)
3	1	3(3)	3(90)	3(2.0)
4	1	4(4)	4(95)	4(3.0)
5	2(11)	1	2	3
6	2	2	1	4
7	2	3	4	1
8	2	4	3	2
9	3(12)	1	3	4
10	3	2	4	3
11	3	3	1	2
12	3	4	2	1
13	4(13)	1	4	2
14	4	2	3	1
15	4	3	2	4
16	4	4	1	3

在砷酸钠溶液石灰沉淀制备砷酸钙过程中，控制不同砷酸钠溶液初始 pH 值和钙砷摩尔比可以得到不同分子式结构的砷酸钙产物。正交实验研究中设定的初始 pH 值为 10~13，在此初始 pH 值区间内用石灰沉淀得到的砷酸钙产物的分子式结构的可能是 $Ca_4(OH)_2(AsO_4)_2 \cdot 4H_2O$ 和 $Ca_5(AsO_4)_3OH$，它们在溶液中的溶度积 K_{sp} 分别为 $10^{-21.40}$ 和 $10^{-40.12}$，显然在石灰沉淀过程中得到产物以 $Ca_5(AsO_4)_3OH$ 的形式存在的可能性更大。因此，砷酸钠溶液石灰沉淀脱钠过程中可能发生的反应过程如式（5-1）所示：

$$5Ca(OH)_2 + 3Na_3AsO_4 = Ca_5(AsO_4)_3OH + 9NaOH \quad (5\text{-}1)$$

5.3.2.2 正交实验结果及讨论

砷酸钠溶液石灰沉淀转化的四因素四水平正交实验的结果见表 5-5。表 5-5 中 T_1、T_2、T_3 和 T_4 所在行的数据分别为各因素在同一水平下的沉淀率之和，均值 T_1、均值 T_2、均值 T_3 和均值 T_4 表示的是各因素在每一个水平下的平均沉淀率，R 是均值 T_1、均值 T_2、均值 T_3 和均值 T_4 各列四个数据的极差，反映的是正交实

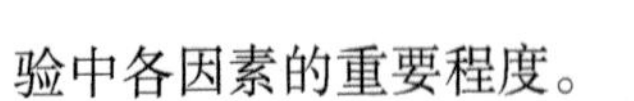

验中各因素的重要程度。

表 5-5 正交实验结果

实验号	因素				
	A 初始 pH 值	*B* 钙砷摩尔比	*C* 反应温度/℃	*D* 反应时间/h	实验结果 *y* 砷沉淀率/%
1	1(10)	1(1)	1(80)	1(0.5)	32.48
2	1	2(2)	2(85)	2(1.0)	83.24
3	1	3(3)	3(90)	3(2.0)	99.93
4	1	4(4)	4(95)	4(3.0)	99.98
5	2(11)	1	2	3	37.49
6	2	2	1	4	84.12
7	2	3	4	1	94.13
8	2	4	3	2	99.97
9	3(12)	1	3	4	37.20
10	3	2	4	3	69.56
11	3	3	1	2	99.96
12	3	4	2	1	99.96
13	4(13)	1	4	2	19.27
14	4	2	3	1	68.01
15	4	3	2	4	99.91
16	4	4	1	3	99.90
T_1	315.63	126.44	316.46	294.58	
T_2	315.71	304.93	320.6	302.44	
T_3	306.68	393.93	305.11	306.88	
T_4	287.09	399.81	282.94	321.21	
均值 T_1	78.91	31.61	79.12	73.65	
均值 T_2	78.93	76.23	80.15	75.61	
均值 T_3	76.67	98.48	76.28	76.72	
均值 T_4	71.77	99.95	70.74	80.30	
R	7.16	68.34	9.41	6.65	

由表 5-5 可知，在砷酸钠溶液石灰沉淀脱钠的正交实验过程中，砷沉淀率最高的为第 4 号实验 $A_1B_4C_4D_4$，砷的沉淀率达到了 99.98%；各因素的砷平均沉淀率最高的水平组合 $A_2B_4C_2D_4$ 即为理论上最优的实验方案；各因素的极差 $R_B > R_C > R_A > R_D$，R_B值达到了 68.34，远远高于其他因素的极差（R_A、R_C、R_D值分

别为7.16、9.41和6.65)，说明钙砷摩尔比对砷酸钠溶液石灰沉淀脱钠的影响程度最大，是决定性因素。

在正交实验中初始pH值、钙砷摩尔比、反应温度和反应时间等四个因素对砷的沉淀率的影响趋势如图5-6所示。

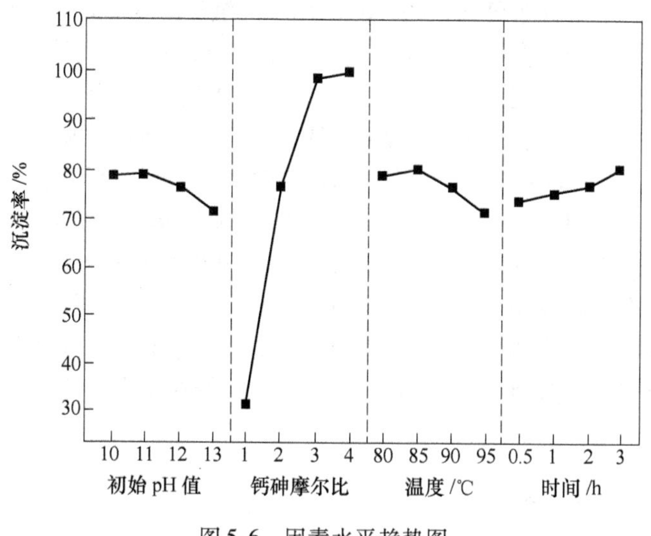

图5-6 因素水平趋势图

从表5-5和图5-6中可以看出：

(1) 砷的沉淀率随着初始pH值的增加而逐渐降低，且降低的幅度越来越大，砷酸钠的石灰沉淀转化反应式（5-1）是可逆反应，随着初始pH值的增加，溶液中的氢氧化钠浓度增加，促使反应式（5-1）的平衡向左移动，抑制了砷酸钠向砷酸钙的转化，降低了砷的沉淀率。

(2) 砷的沉淀率随着钙砷摩尔比的增加而急剧增加，当钙砷摩尔比从1增加至3时，砷的平均沉淀率从31.61%增加至98.48%，由此可见，钙砷摩尔比对砷的沉淀转化起决定性作用。

(3) 砷的沉淀率随着反应温度的增加先增加后减小，随着反应温度的升高，氢氧化钙在溶液中的溶解扩散速率加快，且砷酸钙的沉淀反应是吸热反应，因此反应式（5-1）的平衡向右移动，使得砷的沉淀率增加；当反应温度继续升高时，砷的沉淀率反而降低，氢氧化钙是一种微溶物，其在水中的溶解度很小（如在20℃时氢氧化钙在100g水中的溶解度为0.165g)，且随着温度的升高氢氧化钙的溶解度越来越小，因此，溶液中游离的Ca^{2+}浓度随着反应温度的增加而降低，导致反应式（5-1）的平衡向左移动，使得砷的沉淀率随着反应温度的增加而降低。

(4) 砷的沉淀率随着反应时间的增加而增加，从式（5-1）可知砷酸钙沉淀反应速率受溶液中的游离 Ca^{2+} 的影响很大，而溶液中的游离 Ca^{2+} 来自于氢氧化钙的离解，而氢氧化钙是以石灰乳的形式加入到砷酸钠溶液中的，大部分的氢氧化钙以固体的形式悬浮在溶液中，氢氧化钙离解释放自由 Ca^{2+} 的速率比较慢，最终导致砷酸钠的石灰沉淀转化反应达到平衡需要的时间比较长。

从正交实验结果分析可知，钙砷摩尔比对砷沉淀率的影响程度最大，其余因素对砷沉淀率的影响程度大小依次为反应温度、初始 pH 值和反应时间，理论上砷沉淀率最高的最佳搭配为 $A_2B_4C_2D_4$。按照 5.2.1 节所述条件配置的砷酸钠溶液的初始 pH 值为 12，从表 5-3 可知初始 pH 值对砷沉淀率的影响并不显著，且 A_3（初始 pH 值为 12）的平均沉淀率仅比 A_2（初始 pH 值为 11）低 2%，虽然平均沉淀率有所降低，但是可以免除调节初始 pH 值这一步骤，简化工艺流程；虽然 B_3 的平均砷沉淀率比 B_4 的低 1.5% 左右，但是石灰的用量却可以减小 25%。

对方案 $A_2B_4C_2D_4$ 和 $A_3B_3C_2D_4$ 分别进行了验证实验。验证实验结果表明，方案 $A_2B_4C_2D_4$ 的砷沉淀率为 99.99%，方案 $A_3B_3C_2D_4$ 的砷沉淀率为 99.95%，两个实验的砷沉淀率相差很小，从简化工艺流程和降低成本考虑方案 $A_3B_3C_2D_4$ 是比较合适的。

5.3.2.3 综合实验

通过以上的正交实验研究，可得出砷酸钠溶液石灰沉淀脱钠的优化工艺条件：钙砷摩尔比为 3、反应温度为 85℃、反应时间为 3.0h、搅拌速为 300r/min。在此优化工艺条件进行了单次溶液量为 2.1L 的扩大综合实验，其实验结果见表 5-6。制备的砷酸钙渣的化学成分和 XRD 谱图分别见表 5-7 和图 5-7。

表 5-6 优化实验结果

原液			沉淀后液			砷沉淀率/%	砷酸钙渣/g
体积/L	As 浓度/$g \cdot L^{-1}$	初始 pH 值	体积/L	As 浓度/$g \cdot L^{-1}$	NaOH 浓度/$mol \cdot L^{-1}$		
2.1	21.25	12	2.39	0.00898	0.76	99.95	180

表 5-7 综合实验条件下砷酸钙渣的化学成分

元素	As	Ca	Na
质量分数/%	25.27	38.37	0.10

由图 5-7 可知，石灰沉淀制备的砷酸钙渣中存在的物相主要是 $Ca_5(AsO_4)_3OH$ 和 $Ca(OH)_2$，砷酸钙的分子式形式与前文推测的一致，砷酸钙渣中的 $Ca(OH)_2$ 相推测来自于沉淀过程中加入的过量的氧化钙（见式（5-2））。从表 5-6 和表 5-7 可知，在优化实验条件下，砷酸钠溶液石灰沉淀转化过程中砷的沉淀率达到了 99.95%，砷酸钙渣中砷和钙的实际含量分别为 25.27% 和 38.37%，而按照砷酸

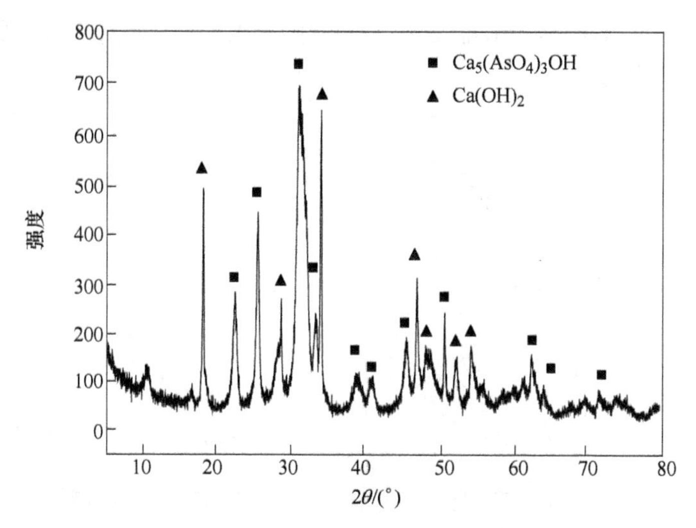

图 5-7 综合实验条件下砷酸钙渣 XRD 谱

钙的分子式（$Ca_5(AsO_4)_3OH$）计算的砷、钙理论含量分别为 35.44% 和 30.60%，实际含量与理论含量之间存在较大的差距。根据式（5-1）所示的反应方程式，砷酸钠完全转化为砷酸钙的理论钙砷摩尔比为 1.67，而在实验过程中，部分 $Ca(OH)_2$ 被反应产物砷酸钙包裹，为了确保砷的沉淀转化完全，实际的钙砷摩尔比为 3.0，加入的氧化钙数量远远超过理论需求量，未与砷酸钠反应的 $Ca(OH)_2$ 以固体形式进入砷酸钙渣中，导致制备的砷酸钙中夹杂了大量的氢氧化钙。

$$CaO + H_2O \longrightarrow Ca(OH)_2 \quad (5\text{-}2)$$

5.3.3 砷酸钙渣硫酸溶解研究

砷酸钙渣的主要成分为砷酸钙和氢氧化钙，在硫酸溶解砷酸钙渣过程中可能发生的反应过程如式（5-3）和式（5-4）所示：

$$Ca_5(AsO_4)_3OH + 5H_2SO_4 \longrightarrow 5CaSO_4 + 3H_3AsO_4 + H_2O \quad (5\text{-}3)$$

$$Ca(OH)_2 + H_2SO_4 \longrightarrow CaSO_4 + 2H_2O \quad (5\text{-}4)$$

从式（5-3）和式（5-4）可知，理论上 1mol 砷酸钙需要消耗 5mol 硫酸，1mol 氢氧化钙需要消耗 1mol 硫酸，相当于 1mol 钙需要消耗 1mol 硫酸。因此，在砷酸钙渣硫酸溶解过程中，可计算出理论硫酸消耗量为 0.94g/g。

5.3.3.1 硫酸用量对砷浸出率的影响

一般来说，在湿法浸出过程中浸出剂的用量对目标金属浸出率的影响最大。在砷酸钙渣为 30g、浸出温度为 80℃、液固比为 8:1、浸出时间为 2h、搅拌速度为 500r/min 的条件下，考察了硫酸用量分别为 1.0 倍、1.1 倍、1.2 倍、1.5 倍和 2.0 倍理论量时对砷酸钙渣硫酸溶解过程中砷浸出率（质量分数）的影响，实验结果如图 5-8 所示。

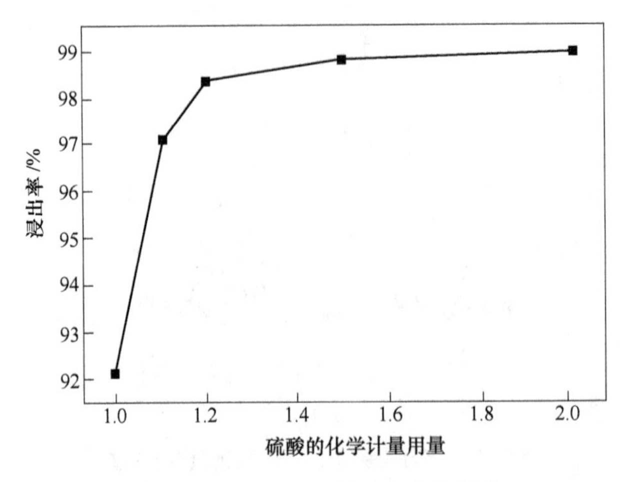

图 5-8 硫酸用量对砷浸出率的影响

由图 5-8 可知，砷酸钙渣硫酸溶解过程中砷浸出率随着硫酸用量的增加而增加，当硫酸的用量增加至理论量的 1.2 倍时，砷浸出率达到 98.33%，继续增加硫酸的用量，砷的浸出率维持在 99% 左右，砷浸出率增加的幅度基本上可以忽略。综合考虑较高的砷浸出率和较低的生产成本，硫酸的用量选择 1.2 倍理论量比较合适。

5.3.3.2 浸出时间对砷浸出率的影响

在砷酸钙渣为 30g、硫酸过量系数为 1.2、浸出温度为 80℃、液固比为 8:1、搅拌速度为 500r/min 的条件下，考察了浸出时间分别为 30min、45min、60min、90min 和 120min 时对砷酸钙渣硫酸溶解过程中砷浸出率（质量分数）的影响，实验结果如图 5-9 所示。

由图 5-9 可知，在砷酸钙渣硫酸溶解过程中，砷酸钙的浸出反应速率很快，当浸出时间延长至 30min 时，砷的浸出率就达到了 92.06%；当浸出时间继续增加，砷浸出率增加的幅度越来越小，在 90min 的时候砷浸出率基本上达到平衡，砷浸出率为 97.89%。砷酸钙渣硫酸溶解过程中，砷以砷酸的形式进入浸出液中，而钙则生成微溶于水的硫酸钙固体附着在砷酸钙的外层形成固体产物层，导致扩散传质阻力的增加，使得浸出反应的速率越来越低。综合考虑，浸出时间选择 1.5h 比较合适。

5.3.3.3 浸出温度对砷浸出率的影响

在砷酸钙渣为 30g、硫酸过量系数为 1.2、浸出时间为 1.5h、液固比为 8:1、

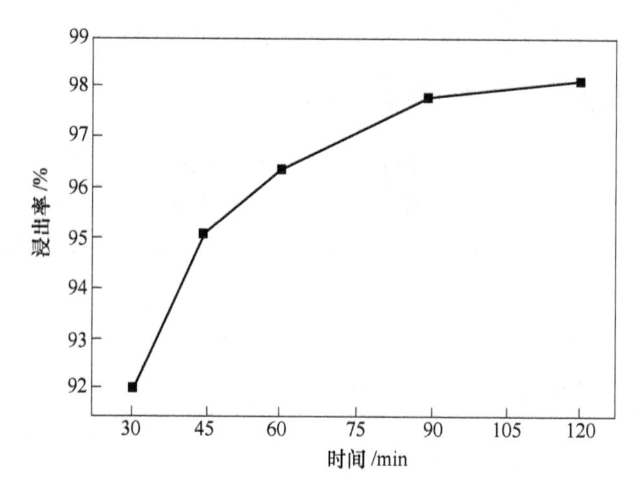

图 5-9　浸出时间对砷浸出率的影响

搅拌速度为 500r/min 的条件下，考察了浸出温度分别为 60℃、70℃、80℃、90℃和 95℃时对砷酸钙渣硫酸溶解过程中砷浸出率（质量分数）的影响，实验结果如图 5-10 所示。

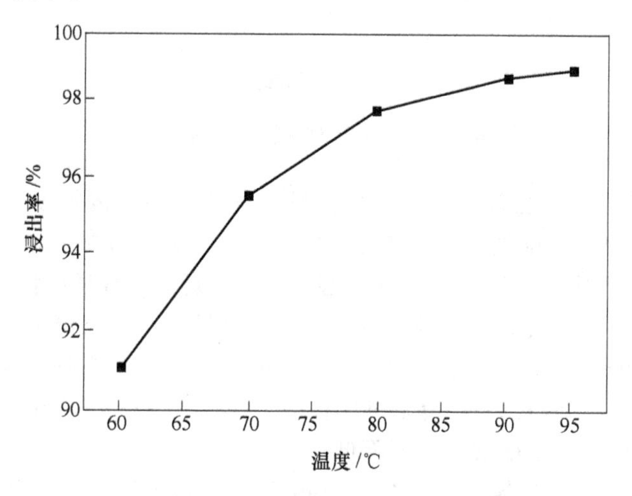

图 5-10　浸出温度对砷浸出率的影响

由图 5-10 可知，在砷酸钙渣硫酸溶解过程中，砷的浸出率随着浸出温度的增加而增加。在 90℃之前，砷的浸出率随着浸出温度的增加由 91.14% 快速增加至 98.68%；在 90℃以后，砷浸出率基本上维持不变。一方面，浸出温度的升高可以促进化学键的断裂，加速砷酸钙的溶解电离；另一方面，砷酸钙的分解反应是吸热反应，因此，随着浸出温度的升高，反应平衡向正方向移动，砷浸出率逐渐增加。在 90℃之后，砷酸钙的溶解反应趋于平衡，砷浸出率趋于稳定。为确保较高的砷浸出率和较低的能耗，浸出温度选择 90℃ 比较合适。

5.3.3.4 液固比对砷浸出率的影响

在砷酸钙渣为 30g、硫酸过量系数为 1.2、浸出温度为 90℃、浸出时间为 1.5h、搅拌速度为 500r/min 的条件下，考察了液固比分别为 4、6、8、10 和 12 时对砷酸钙渣硫酸溶解过程中砷浸出率（质量分数）的影响，实验结果如图 5-11 所示。

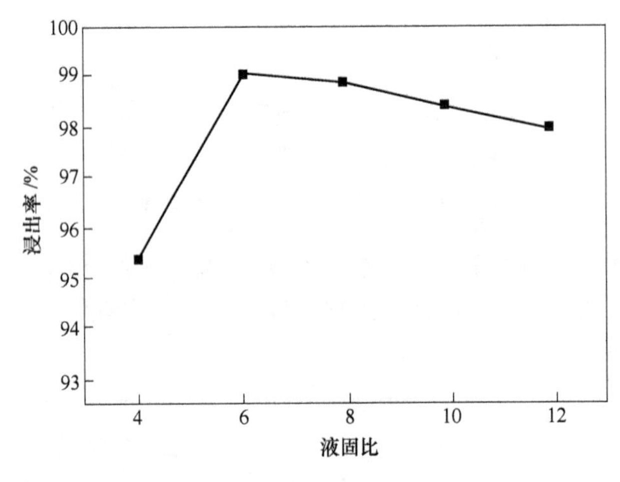

图 5-11 液固比对砷浸出率的影响

由图 5-11 可知，在砷酸钙渣硫酸溶解过程中，当液固比从 4 增加至 6 时，砷的浸出率由 95.4% 增加至 99.02%；而当液固比继续增加至 12 时，砷的浸出率缓慢降低至 97.96%。砷酸钙渣硫酸溶解的产物硫酸钙数量比较多且粒度微细，当浸出过程中液固比很低时，浸出体系的体积比较小，浸出液的固含量比较高，导致浸出体系的黏度很大，在液固分离过程中浸出渣夹带损失的砷量就比较多，需要用大量的水洗涤浸出渣以降低砷的损失。在硫酸用量不变的条件下，随着液固比的增加，浸出液中硫酸的浓度降低，式（5-3）所示的浸出反应平衡向左移动，导致砷浸出率逐渐降低。同时，过高的液固比将导致生产能力的降低和能耗的增加。综合考虑，浸出液固比选择 6.0 比较合适。

5.3.3.5 综合实验

通过以上的系列单因素实验研究，可得出砷酸钙渣硫酸溶解的优化工艺条件：硫酸过量系数为 1.2、浸出温度为 90℃、浸出时间为 1.5h、液固比为 6.0、搅拌速度为 500r/min。在此优化工艺条件下称取 100g 砷酸钙渣进行扩大性综合实验，其实验结果见表 5-8。浸出渣 XRD 谱图如图 5-12 所示。

表 5-8 优化实验结果

浸出液		浸出渣		渣计砷浸出率/%
体积/mL	As 浓度/g · L^{-1}	质量/g	As 含量/%	
855	29.18	128	0.15	99.24

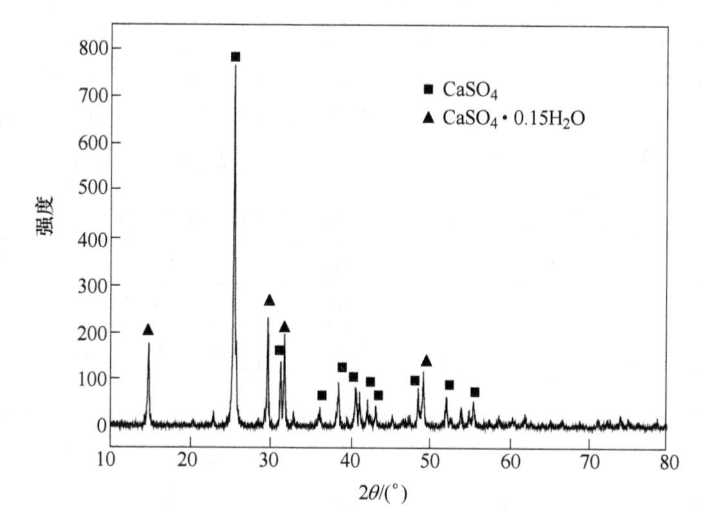

图 5-12 综合实验条件下浸出渣 XRD 谱

由表 5-8 可知，在优化实验条件下，砷酸钙渣硫酸溶解过程中砷的浸出率达到 99.24%，硫酸浸出渣中砷的含量为 0.15%，浸出渣的质量为 128g，渣量比较大，实验过程发现硫酸钙疏松蓬松、体积大且粒度很细，在液固分离过程中，硫酸钙渣吸附了大量的浸出液，需要用大量的水进行洗涤才能降低硫酸钙中吸附夹杂的砷酸溶液，导致砷酸钙渣硫酸溶解浸出分离后得到的砷酸溶液的体积膨胀得比较厉害，砷酸溶液中砷的浓度只有 29.18g/L，砷浓度较低，大大增加了后续结晶工序的处理难度。从图 5-12 可知，砷酸钙渣硫酸溶解后的浸出渣中存在的物相主要是 $CaSO_4$ 和 $CaSO_4 \cdot 0.15H_2O$，砷酸钙渣中的钙在硫酸溶解过程中都被转化为硫酸钙，衍射谱中没有 $Ca_5(AsO_4)_3OH$ 的衍射峰，说明砷酸钙渣硫酸溶解的效果很好，砷基本上都被浸出进入浸出液中。

5.3.4 亚硫酸还原制备三氧化二砷研究

砷酸的氧化性比较强，与 SO_2 反应则被还原成亚砷酸。SO_2 的水溶液为亚硫酸，亚硫酸还原砷酸过程中可能发生的反应过程如式（5-5）所示：

$$H_3AsO_4 + H_2SO_3 = H_3AsO_3 + H_2SO_4 \tag{5-5}$$

As_2O_3 在纯水中的溶解度值受温度的影响很大，随着温度的降低而急剧降低；在 25℃时，100g 纯水中可以溶解 2.16gAs_2O_3，市售的亚硫酸浓度为 6%，将还原后的亚砷酸溶液进行浓缩，然后冷却至室温，亚砷酸溶液中过饱和的 As_2O_3 即结晶析出。

还原结晶实验过程：取砷酸钙渣硫酸溶解工序制备的砷酸溶液 1000mL，加入 1.5 倍理论量的亚硫酸，在室温下控制搅拌速度为 200r/min 还原 2.5h，还原结束后将烧杯置于电炉上将还原后液蒸发浓缩至溶液体积为 300mL 左右，然后将溶液冷却至室温结晶 3h，真空抽滤，得到结晶后液和结晶产品。结晶后液可以返回前面的砷酸钙渣硫酸溶解工序以提高砷的总收率。亚硫酸还原砷酸溶液制备三氧化二砷过程中砷的价态变化见表 5-9。将还原结晶产品置于 70℃ 烘箱中干燥 24h，得到白色粉末，其化学成分和 XRD 谱分别见表 5-10 和图 5-13。

表 5-9 还原制备 As_2O_3 过程溶液中砷的形态变化 (g/L)

项　目	砷酸溶液	还原后液	浓缩后液	结晶后液
总 As	28.16	15.52	90.12	10.16
As（Ⅲ）	0	15.46	90.00	10.00

由表 5-9 可知，亚硫酸还原砷酸过程中砷的还原率为 99.6%，还原后液浓缩冷却结晶过程中砷的结晶率为 88.86%，结晶后液中的砷基本上都是三价砷，其浓度为 10.16g/L，低于 25℃ 纯水中 As_2O_3 的溶解度（100g 纯水中溶 2.16g，约合 16.36g/L），分析发现结晶后液中硫酸的浓度约为 1.2mol/L，而当硫酸溶液的浓度在 10mol/L 以内时，As_2O_3 的溶解度随着硫酸浓度的增加而降低。

表 5-10 三氧化二砷化学成分 (%)

名　称	As_2O_3	Ca	Cu	Zn	Fe	Pb	Bi
纯化前	87.02	2.673	0.001	0	0	0.008	0.025
纯化后	99.67	0.002	0	0	0	0	0

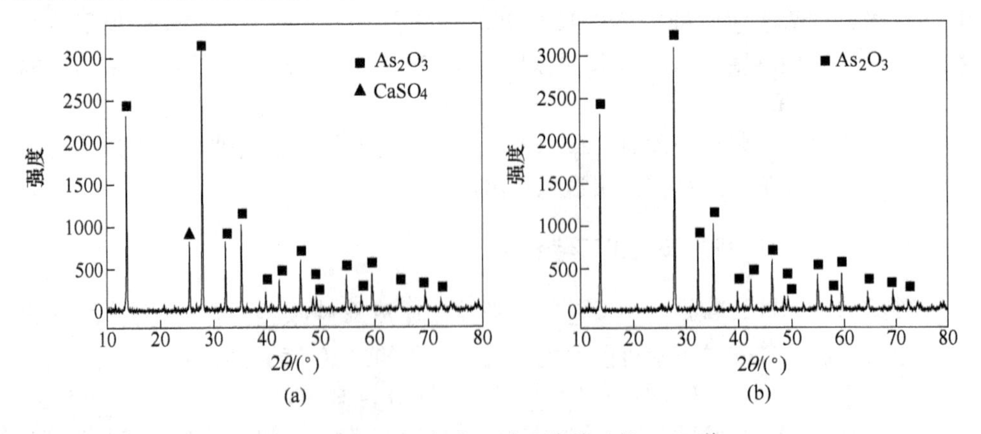

图 5-13 产品三氧化二砷纯化前后的 XRD 谱

(a) 结晶；(b) 重结晶

从表5-10和图5-13可知，还原浓缩结晶制备的三氧化二砷的纯度比较低，粗产品中As_2O_3的含量只有87.02%。粗产品中主要的杂质为硫酸钙，一方面，硫酸钙微溶于水，在30℃时，100g纯水中可以溶解0.264g硫酸钙；另一方面，在硫酸溶液中，硫酸钙可与硫酸反应生成硫酸氢钙，因此，采用硫酸溶解砷酸钙渣制备的砷酸溶液中含有一定量的钙离子，在还原后液浓缩过程中，随着溶液体积的不断减小，溶液中的硫酸钙因过饱和而析出，在冷却结晶时进入三氧化二砷晶体中；除硫酸钙之外，粗产品中还含有微量其他的杂质，推测是液固分离时As_2O_3的表面吸附了少量结晶后液所致。为了降低三氧化二砷结晶中杂质的含量，提高产品的纯度，采用重结晶的方法对粗三氧化二砷结晶进行纯化。

重结晶实验过程：将粗三氧化二砷结晶溶解于85℃的纯水中，恒温搅拌30min使其充分溶解，然后趁热过滤，滤渣即为硫酸钙，滤液冷却至室温结晶1h，真空抽滤，得到重结晶后液和重结晶产品。重结晶后液可返回用于粗三氧化二砷的溶解。将重结晶产品置于70℃烘箱中干燥24h，得到白色粉末，其化学成分和XRD谱分别见表5-10和图5-13（b）。从表5-10和图5-13（b）可知，重结晶产品中存在的物相为As_2O_3，衍射谱中没有$CaSO_4$的衍射峰，说明杂质$CaSO_4$被脱除；产品中As_2O_3的含量达到99.67%，产品中的杂质只检测到钙，且其含量仅有0.002%，说明重结晶大大地提高了三氧化二砷结晶产品的纯度。

5.4　SO_2直接还原法制备三氧化二砷的研究

石灰沉淀—硫酸溶解—亚硫酸还原制备三氧化二砷工艺的流程比较长，工序较多，不利于工业化应用。在此基础上，研究短流程制备工艺就显得尤为重要。本研究所用实验原料为高砷烟尘氢氧化钠-硫黄浸出条件实验中得到的浸出液经双氧水氧化—冷却结晶得到的砷酸钠晶体，其主要成分是$Na_3AsO_4 \cdot 10H_2O$，砷含量为18.2%。

5.4.1　砷酸溶液的配制及硫酸钠的脱除

从文献可知，砷酸钠在水溶液中的溶解度随着溶液pH值的降低而增加，当溶液pH值为7时，实测的饱和砷酸钠溶液中砷的浓度高达113g/L。随着溶液pH值的降低，溶液中的AsO_4^{3-}与H^+发生逐级加成反应依次生成$HAsO_4^{2-}$、$H_2AsO_4^-$和H_3AsO_4，当溶液pH值降至零（即溶液中H^+浓度为1.0mol/L）时，溶液中的砷主要以H_3AsO_4的形式存在。砷酸钠与硫酸反应生成砷酸的总反应如式（5-6）所示，每生成1mol砷酸需要消耗1mol的砷酸钠和1.5mol的硫酸，并生成1.5mol硫酸钠。

$$2Na_3AsO_4 + 3H_2SO_4 = 2H_3AsO_4 + 3Na_2SO_4 \tag{5-6}$$

表5-11所示为不同温度下硫酸钠的溶解度。从表5-11中可以看出，当溶液

温度在30℃以下时，硫酸钠在水溶液中的溶解度随着温度的降低而急剧下降，因此，可以配制2mol/L的砷酸溶液，此时溶液中硫酸钠的浓度约为420g/L，硫酸钠的浓度接近饱和，然后将砷酸溶液冷却至10℃左右，溶液中接近75%的硫酸钠将结晶析出，而砷酸将继续保留在溶液中，从而实现了砷酸溶液中硫酸钠的脱除，避免了硫酸钠对后续直接还原结晶制备三氧化二砷的不利影响。

表5-11 不同温度下硫酸钠的溶解度（每100g水中）

温度/℃	0	10	20	30	40	60	80
硫酸钠/g	4.9	9.1	19.5	40.8	48.8	45.3	43.7

砷酸溶液的制备：首先配制3mol/L的硫酸溶液，然后按照硫酸与砷酸钠的摩尔比1.5加入自制的砷酸钠晶体，搅拌30min确保砷酸钠晶体充分溶解，然后抽滤，滤渣的主要成分为水合锑酸钠；滤液的主要成分为砷酸和硫酸钠，将储存滤液的烧杯存放置于冰箱冷藏室（温度约为10℃）内，静置12h促使溶液中的硫酸钠充分结晶析出，然后抽滤，硫酸钠结晶用少量水洗涤，将浸出液和洗涤液混合、搅拌均匀后，作为直接还原制备三氧化二砷实验的原料，制备的砷酸溶液中砷的浓度约为160g/L，将该砷酸溶液稀释至适当浓度后用于后续条件实验。将得到的硫酸钠结晶置于105℃烘箱内干燥12h，其主要成分见表5-12。

表5-12 硫酸钠结晶的化学成分

元素	Na	S	O	As	Si	Sb	Pb	Fe	Zn
含量/%	32.12	23.36	42.57	0.93	0.18	0.05	0.03	0.015	0.012

注：此成分为XRF分析结果。

5.4.2 初始pH值的影响

当砷酸溶液中的硫酸浓度过高时，溶液中的H_3AsO_4与H^+发生加质子反应而生成$H_4AsO_4^+$，$H_4AsO_4^+$与SO_2的反应速率相对H_3AsO_4而言要低得多，因此，$H_4AsO_4^+$的形成不利于As(Ⅴ)还原反应的进行；同时，过高的溶液酸度需要消耗大量的硫酸，经济上也不划算。所以，本实验研究选择pH值大于零的酸度不太高的体系。在砷酸溶液为250mL、溶液中砷浓度为50g/L、反应温度为30℃、SO_2气体流量为0.30L/min、反应时间为2h、搅拌速度为300r/min的条件下，考察了溶液初始pH值分别为0、1、2、3和4时对砷还原率和结晶率的影响，实验结果如图5-14所示。

由图5-14可知，在SO_2还原砷酸过程中，当溶液pH值大于3以后，五价砷的还原率随着溶液pH值的增加而略有降低；溶液中砷的结晶率随着溶液pH值的增加而降低且降低的幅度越来越大。在酸性介质中SO_2的还原性随着溶液pH

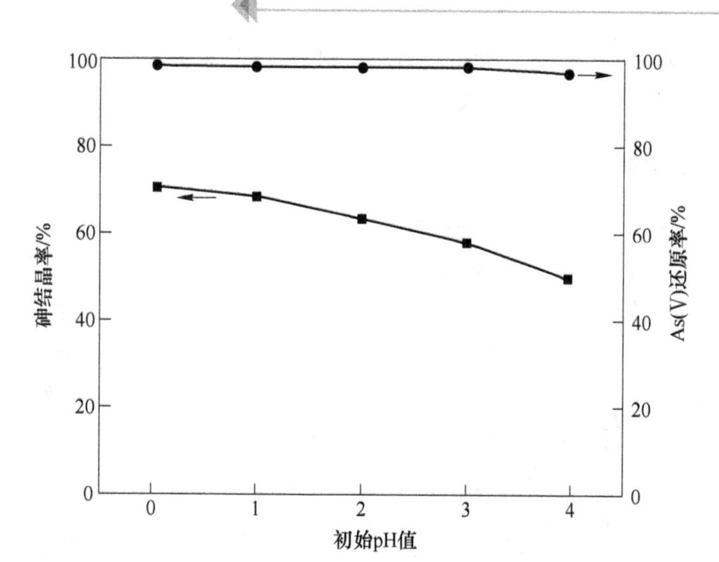

图 5-14 初始 pH 值对砷的还原率和结晶率的影响

值的增加而减弱，当砷酸溶液的 pH 值较高时，五价砷的还原不够充分，导致砷的还原率降低。图 5-15 所示为 As_2O_3在硫酸水溶液中不同温度和不同硫酸浓度下的溶解度曲线。在常温 30℃时，三价砷在硫酸水溶液中的溶解随着溶液酸度的增加而降低，在硫酸溶度约为 800g/L 的时候溶解度达到最低值。因此，随着溶液初始 pH 值的增加，溶液中溶解的三阶砷的含量越来越高；同时，在高 pH 值下五价砷的还原率逐渐降低，使得溶液中残留的五价砷浓度增加，两方面的原因导致溶液中总砷浓度随着砷酸溶液初始 pH 值的增加而增加，导致砷的结晶率随

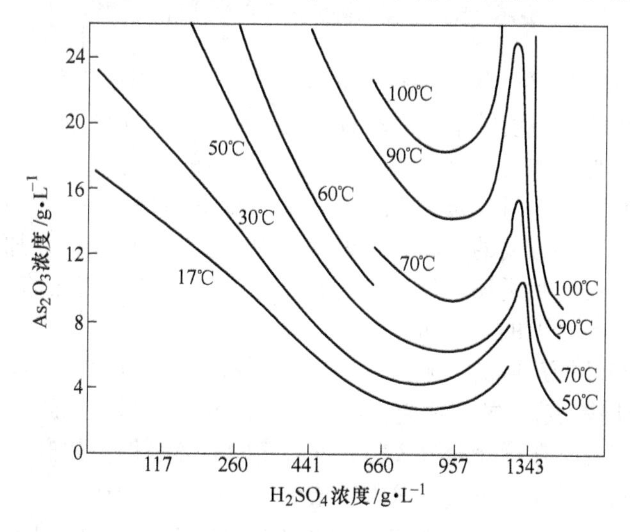

图 5-15 As_2O_3在不同温度和不同浓度的硫酸水溶液中溶解度曲线

着砷酸溶液初始 pH 值的增加而降低且降低的幅度越来越大。综合考虑，砷酸溶液的初始 pH 值选择零比较合适。

5.4.3　反应温度的影响

理论上，反应温度直接影响反应的速度。一般来说，低温时的反应速度较慢，当温度升高时，分子的热运动速度加快，分子的碰撞概率增加，有利于反应过程的进行。在砷酸溶液为 250mL，溶液中砷浓度为 50g/L，溶液初始 pH 值为零，SO_2气体流量为 0.30L/min，反应时间为 2h，搅拌速度为 300r/min 的条件下，考察了反应温度分别为 20℃、30℃、40℃、50℃和 70℃时对砷还原率和结晶率的影响，实验结果如图 5-16 所示。

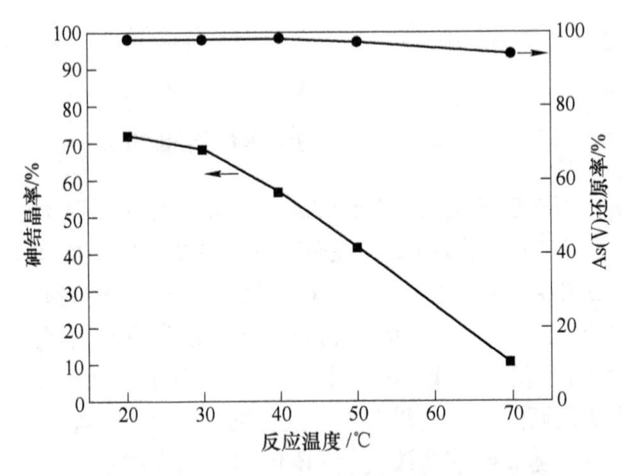

图 5-16　反应温度对砷的还原率和结晶率的影响

由图 5-16 可知，在 SO_2还原砷酸过程中，当反应温度高于 50℃以后，五价砷的还原率随着反应温度的增加而略有降低；溶液中砷的结晶率随着反应温度的增加而降低且降低的幅度越来越大。SO_2还原砷酸的反应可分为两个步骤，首先是 SO_2气体溶解进入溶液生成亚硫酸，然后亚硫酸与砷酸发生反应生成亚砷酸。一般来说，反应体系温度的升高有利于反应物和生成物的扩散，加快 SO_2气体在溶液中的溶解速度，促进还原反应的进行；但是，SO_2气体在稀硫酸溶液中的溶解度随着溶液体系温度的升高而降低，随着反应温度的升高，溶液中溶解的 SO_2的量降低，参与还原反应的亚硫酸浓度降低，从而导致五价砷的还原率的降低；并且 SO_2还原砷酸反应为放热反应，反应温度的升高不利于还原反应的进行。从图 5-16 可知，As_2O_3在稀硫酸溶液中的溶解度随着体系温度的升高而增加。反应温度的增加使得溶液中溶解的三价砷量增加，同时五价砷还原率的降低使得溶液中存在的五价砷量增加。总的来说，反应温度的升高将导致砷的还原率和结晶率的降低。反应温度为 30℃时，砷的结晶率仅比 20℃时略有降低，而还原率基本上差不多，考虑到生产成本，反应温度选择常温30℃比较合适。

5.4.4 溶液中砷浓度的影响

在砷酸溶液为250mL，溶液初始pH值为零，反应温度为30℃，SO_2气体流量为0.30L/min，反应时间为2h，搅拌速度为300r/min的条件下，考察了溶液中砷浓度分别为50g/L、80g/L、105g/L、125g/L和145g/L时对砷还原率和结晶率的影响，实验结果如图5-17所示。

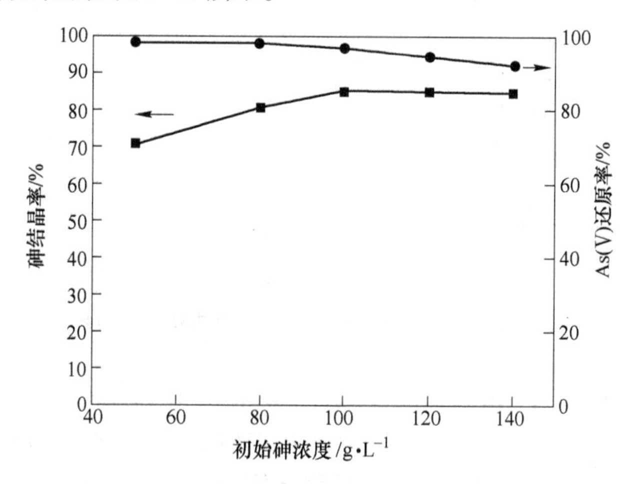

图5-17 初始砷浓度对砷的还原率和结晶率的影响

由图5-17可知，在SO_2还原砷酸过程中，五价砷的还原率随着初始砷浓度的增加而降低且降低的幅度越来越大；溶液中砷的结晶率随着初始砷浓度的增加而快速增加然后趋于稳定。当SO_2气体流量不变时，单位时间内溶解进入溶液的SO_2数量是固定的，当初始砷浓度从50g/L增加至100g/L时，溶液中亚硫酸的浓度相对砷酸而言是足量的，因此五价砷的还原率仅仅从98.91%略微降至97.8%；还原后液中三价砷的浓度只与三价砷的溶解度有关，而与初始砷浓度的大小无关，因此砷的结晶率从71.86%快速增加至86.22%。当初始砷浓度继续增加至140g/L，此时溶液中亚硫酸的浓度不足以将砷酸全部还原，因此五价砷的还原率从97.8%快速降低至92.97%，还原率的降低使得还原后液中五价砷的含量越来越高，导致砷的结晶率随着初始砷浓度的增加反而略有降低，结晶率维持在86%左右。初始砷浓度越高，溶液中的硫酸钠浓度就越高，就有可能影响制备的As_2O_3产品的纯度；同时，要达到较高的还原率和结晶率就需要延长通入SO_2气体的时间，降低生产效率。综合考虑，初始砷浓度选择100g/L比较合适。

5.4.5 反应时间的影响

在砷酸溶液为250mL，溶液中砷浓度为100g/L，溶液初始pH值为零，反应温度为30℃，SO_2气体流量为0.30L/min，搅拌速度为300r/min的条件下，考察了反应时间分别为为5min、10min、20min、30min、45min、60min、90min、120min、180min和240min时对砷还原率和结晶率的影响，实验结果如图5-18所示。

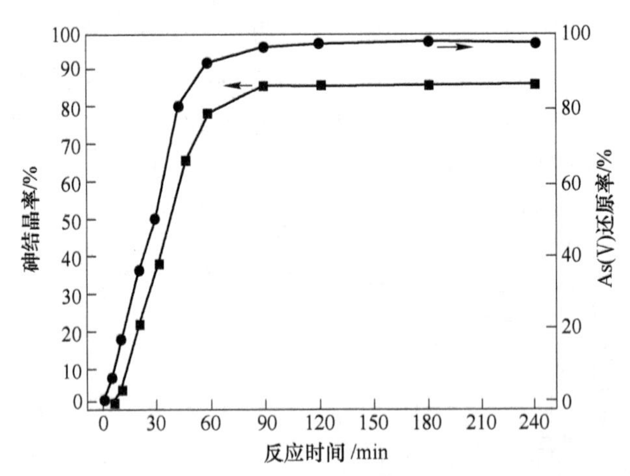

图5-18 反应时间对砷的还原率和结晶率的影响

由图5-18可知，在SO_2还原砷酸过程中，在90min以前，五价砷的还原率和溶液中砷的结晶率均随着反应时间的增加而快速增加；在90min以后，砷的还原率和结晶率的增加值可以忽略，分别维持在97.5%和86%左右。随着反应时间的增加，溶解进入溶液中的SO_2气体的数量持续增加，溶液中亚硫酸的浓度越来越高，促进了砷酸还原反应的进行，还原反应的平衡向正方向移动，使得五价砷的还原程度增加；进一步延长反应时间，溶液中溶解的亚砷酸浓度达到饱和，还原反应趋于平衡，五价砷的还原率趋于稳定。一般来说，当结晶体系的温度不变时，砷的结晶率只与还原后液中三价砷的浓度有关，即只与五价砷的还原程度相关，因此，当五价砷的还原反应趋于平衡时，砷的结晶也就接近平衡了。综合考虑，反应时间选择90min比较合适。

5.4.6 SO_2气体流量的影响

在砷酸溶液为250mL，溶液中砷浓度为100g/L，溶液初始pH值为零，反应温度为30℃，反应时间为90min，搅拌速度为300r/min的条件下，考察了SO_2气体流量分别为0.04L/min、0.08L/min、0.12L/min、0.2L/min和0.30L/min时对砷还原率和结晶率的影响，实验结果如图5-19所示。

由图5-19可知，在SO_2还原砷酸过程中，SO_2气体流量在0.2L/min以前，五价砷的还原率和溶液中砷的结晶率均随着SO_2气体流量的增加而快速增加；继续加大SO_2气体的流量，砷的还原率和结晶率的增加值可以忽略，分别维持在97%

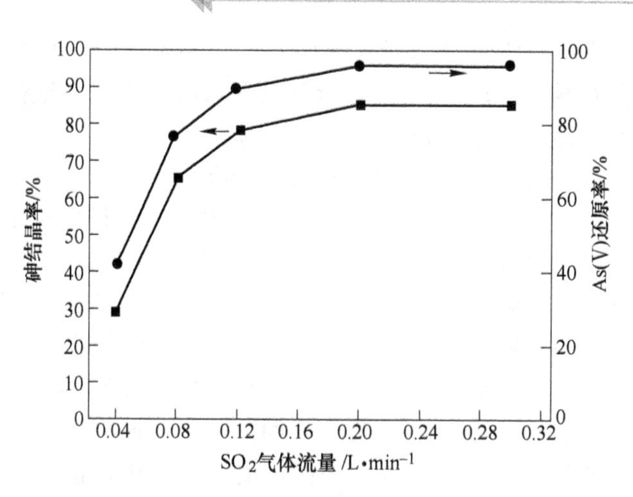

图5-19　SO_2气体流量对砷的还原率和结晶率的影响

和86%左右。SO_2还原砷酸的反应属于气液反应体系，SO_2气体首先溶解进入溶液中形成亚硫酸，然后亚硫酸再与砷酸发生反应。因此，当SO_2气体流量较小时，溶液中的亚硫酸浓度较低，SO_2气体的溶解过程是还原反应的速度控制步骤；随着SO_2气体流量的增加，溶液中的亚硫酸浓度越来越高直至接近饱和，亚硫酸与砷酸的反应成为还原反应的速度控制步骤，通入溶液中的SO_2气体并不能完全溶解进入溶液中而大量逸出，实验现象也证实了这一点。较大的SO_2气体流量可以缩短反应时间，提高生产效率；但是过大的SO_2气体流量将导致SO_2气体的利用率急剧下降且恶化生产作业环境。综合考虑，SO_2气体流量选择0.2L/min比较合适。

5.4.7　综合实验

通过以上的系列单因素条件实验研究，可得出SO_2还原砷酸制备As_2O_3的优化工艺条件：溶液初始砷浓度为100g/L，溶液初始pH值为零，反应温度为30℃，反应时间为90min，SO_2气体流量为0.8L/(L·min)、搅拌速度为500r/min。在此优化工艺条件下五价砷的还原率为97.65%，溶液中砷的结晶率为86.13%，制备的粗制As_2O_3产品的成分见表5-13。

表5-13　粗制三氧化二砷化学成分

名　称	As_2O_3	S	Na	Sb	Sn	Fe	Si
含量/%	95.790	1.079	0.368	0.037	0.022	0.024	0.014

结晶后液中残留的砷浓度为14.46g/L，残留的硫酸浓度约为2.3mol/L，可以将结晶后液返回配制砷酸溶液，既可以充分利用结晶后液中的硫酸，降低脱钠步骤的硫酸消耗量，又可以提高全流程砷的总回收率。

实验研究中使用的是纯 SO_2 气体，而冶炼厂产生的含 SO_2 烟气中的 SO_2 含量比较低，一般来说不超过10%，为扩大 SO_2 还原砷酸的应用，开展了采用质量浓度为6%的较低浓度的 SO_2 气体还原砷酸制备 As_2O_3 的实验。SO_2 气体流量为0.06L/min，压缩空气的流量为0.94L/min，将 SO_2 气体与压缩空气混合均匀后通入砷酸溶液中，其余实验条件为：砷酸溶液为250mL、溶液中砷浓度为100g/L、溶液初始pH值为零、反应温度为30℃、搅拌速度为300r/min。反应4h后停止通气，取样分析，实验结果表明：五价砷的还原率为45.65%，溶液中砷的结晶率为31.73%。在前期的探索性实验中，以0.06L/min的流量直接向砷酸溶液中通入的纯 SO_2 气体4h，五价砷的还原率可以达到95%以上。模拟冶炼烟气中的 SO_2 首先需要扩散至气液界面上，然后在界面上溶解进入溶液生成亚硫酸。模拟冶炼烟气中的空气在水溶液中的溶解度很小，绝大部分的模拟烟气最终以气泡的形式从溶液中逸出，仅有少部分的 SO_2 气体在气泡逸出溶液之前经扩散、溶解进入溶液，实际参与反应的 SO_2 量比较少，导致五价砷的还原率急剧降低。要实现95%以上的五价砷还原率，可以从以下几方面着手：延长还原反应的时间；细化气泡的尺寸，降低气泡受到的浮力，或者使用大高径比的反应器，进而延长气泡在溶液中的停留时间，提高 SO_2 的利用率。

5.4.8 粗三氧化二砷的精制及产品表征

由表5-13可知，SO_2 还原砷酸制备的 As_2O_3 产品纯度比较低，粗 As_2O_3 产品中 As_2O_3 的含量只有95.79%。粗产品中主要的杂质为S和Na，其含量分别为1.079%和0.368%。推测是在液固分离过程中，有少量结晶后液吸附在 As_2O_3 结晶的表面，而结晶后液中的主要成分为硫酸钠和硫酸，因而导致得到的 As_2O_3 结晶中S和Na的含量比较高。As_2O_3 在纯水中的溶解度随着体系温度的增加而呈现近似线性的增加。因此，采用热水溶解—过滤—冷却重结晶的方法可以实现粗 As_2O_3 产品的纯化。

粗 As_2O_3 纯化过程：首先使用90℃的纯水溶解粗 As_2O_3 产品，As_2O_3 溶解进入水溶液中，而锑、锡等元素的盐类不溶于纯水从而与 As_2O_3 分离，当水溶液中溶解的 As_2O_3 接近饱和时，趁热真空抽滤，分离水不溶物；然后将滤液冷却至室温进行结晶，As_2O_3 从水溶液中结晶析出，而硫酸和硫酸钠仍然保留在结晶后液中，结晶结束后真空抽滤，得到重结晶后液和重结晶粗 As_2O_3 产品。重结晶后液可以返回砷酸溶液的配制工序。将重结晶 As_2O_3 产品置于105℃烘箱中干燥24h，得到白色粉末，其化学成分和EDS谱分别见表5-14和图5-20。

表5-14 三氧化二砷化学成分

名称	As_2O_3	S	Na	Sb	Sn	Pb	Zn	Fe	Si
含量/%	99.630	0.015	0.009	0.003	0.002	0.001	0.001	—	—

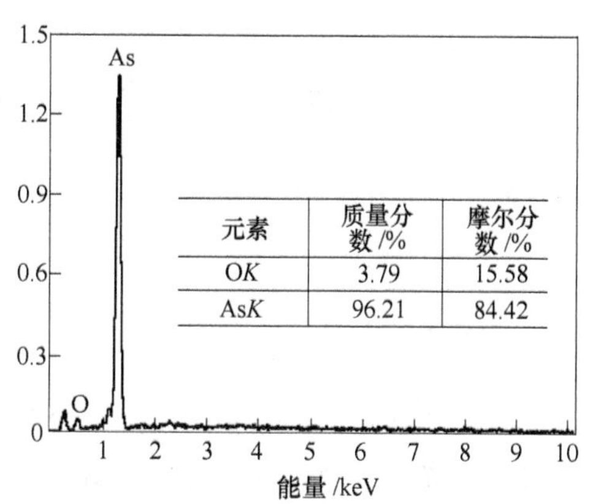

元素	质量分数/%	摩尔分数/%
OK	3.79	15.58
AsK	96.21	84.42

图 5-20 三氧化二砷的 EDS 谱

由表 5-14 和图 5-20 可知，重结晶 As_2O_3产品的能谱图中只有 As 和 O 原子的谱线，没有发现其他原子的谱线存在，说明产品的纯度很高；重结晶产品中 As_2O_3 的含量为 99.63%，且杂质含量都比较低，产品的质量达到了有色金属行业标准（YS/T 99—1997）中 As_2O_3-1 标准。

图 5-21 所示为重结晶后 As_2O_3产品的 XRD 谱和 SEM 像。从图 5-21 中可知，重结晶后产品为纯净的单一物相，晶型完整的 As_2O_3；重结晶后 As_2O_3产品为分散好、外形规整的颗粒，产品的粒度小于 20μm。

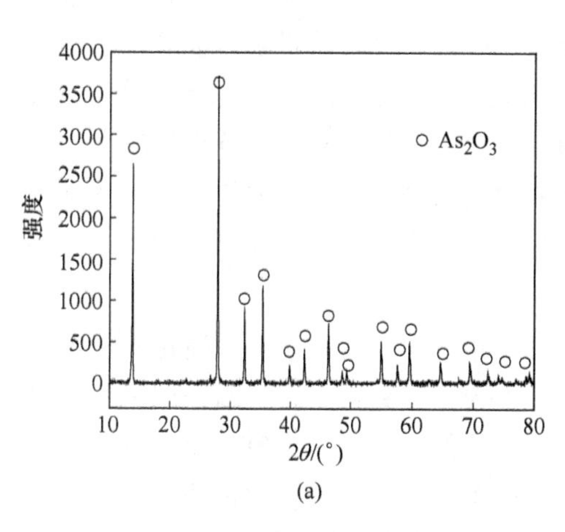

(a)

(b)

图 5-21 三氧化二砷的 XRD 谱（a）和 SEM 照片（b）

本章通过还原结晶实验，实现了碱浸液中砷的回收及三氧化二砷产品的制备，得到了外形规整、分散性好、晶型完整的 As_2O_3产品，稀硫酸溶解—冷冻结晶脱钠—SO_2还原结晶—热水溶解—过滤—冷却重结晶的实验条件最合适。

6 碱浸渣综合回收研究

6.1 引言

焦锑酸钠是一种重要的无机精细化工产品，其应用十分广泛，它可用作显像管玻璃、光学玻璃和其他高档玻璃的澄清剂和脱色剂，纺织品和塑料制品的阻燃剂，优质搪瓷和陶瓷制品的乳白剂以及制造铸件用漆的不透明填料材料等，尤其在国内外电子行业受到越来越多的重视[210]。

目前，焦锑酸钠的生产主要分为火法生产工艺和湿法生产工艺。火法生产工艺主要是以金属锑或者三氧化二锑为原料，用硝酸钠在高温和碱性介质条件下进行氧化，然后经水洗、洗涤、过滤、烘干而得到产品[211]。湿法生产工艺主要以金属锑、氧化锑或者含锑物料等为原料，使用氢氧化钠、硫化钠或者盐酸等浸取原料中的锑[212~215]，锑浸出液采用空气、双氧水或者氯气等进行氧化[216~219]，然后再经净化、水解、中和而得到产品[220~224]。与火法生产工艺相比，湿法生产工艺具有反应进行彻底、转化效率高、能耗较低、工艺条件易控制、产品质量稳定和生产设备简单等优点。目前工业上焦锑酸钠的生产主要采用双氧水氧化法和空气氧化法。双氧水氧化法具有工艺简单、流程短、产品质量好、收率高等优点，但是该方法需要使用杂质含量很低的锑白作为原料，且双氧水的价格比较高，导致其生产成本比较高。空气氧化法从锑精矿中提取制取焦锑酸钠的生产工艺具有工艺简单、设备简单、原辅材料价格低、生产成本低等优点，其存在的缺点主要是氧化时间比较长，产品中 Sb^{3+} 含量偏高。

本章研究了从高砷烟尘碱浸渣中综合回收铅锑铟，首先采用“硫化钠浸出—空气氧化”工艺从高砷烟尘碱浸渣中提取锑并制备焦锑酸钠，然后采用硫酸浸出工艺从硫化钠浸出渣中浸取回收铟，硫酸浸出渣的主要成分为硫化铅，可以返回铅冶炼厂回收铅。考察了高砷烟尘碱浸渣硫化钠浸出过程中硫化钠浓度、氢氧化钠浓度、浸出温度、浸出时间和液固比等因素对锑浸出率的影响；硫浸液空气氧化过程中反应温度、反应时间和压缩空气流量等因素对锑氧化沉淀率的影响；同时研究了硫化钠浸锑过程的动力学行为并寻找提高锑浸出率的有效措施，为工艺的工程化应用提供依据；采用正交实验探索了硫酸浸铟工艺的可行性和最佳工艺条件。

6.2 碱浸渣硫化钠浸出实验研究

实验原料的准备：按照4.4.7节中所示的优化浸出工艺参数（氢氧化钠浓度为3.0mol/L、硫黄的用量为0.075g/g、硫黄的粒度小于0.175mm(80目)、液固比为6:1、浸出温度为95℃、浸出时间为2.0h、搅拌速度为400r/min），每次取500g高砷烟尘于5L四口烧瓶内进行浸出，浸出结束后进行液固分离，浸出渣经洗涤后置于烘箱中设定105℃鼓风干燥12h，破碎，过100目筛，一共制备了大约5kg高砷烟尘碱浸渣，将各批次的碱浸渣混合均匀作为硫化钠浸锑实验的原料。高砷烟尘碱浸渣的化学成分以及XRD谱分别见表6-1和图6-1。

表6-1　高砷烟尘碱浸渣的化学成分

名　称	As	Sb	Pb	Sn	Zn	Cu	Fe	S	Na	In
含量/%	0.11	10.58	49.53	1.63	3.25	1.08	1.73	12.39	9.04	0.37

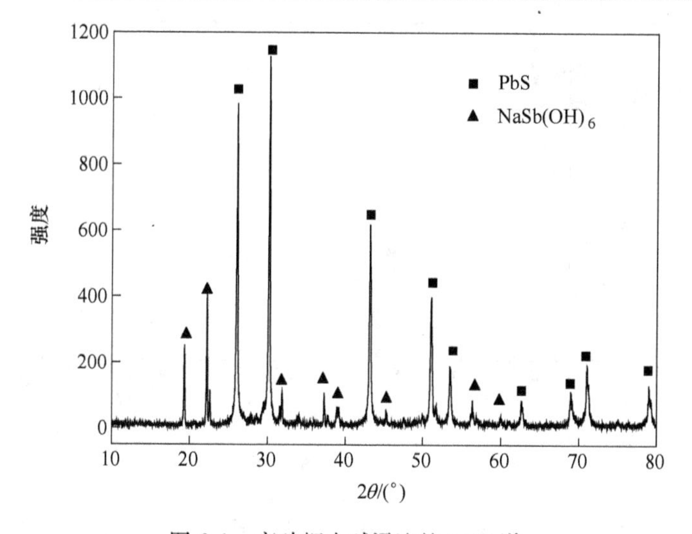

图6-1　高砷烟尘碱浸渣的XRD谱

由表6-1和图6-1可知，高砷烟尘碱浸渣中除砷以外的其他元素相比于高砷烟尘均有不同程度的富集，碱浸渣中含量较高的元素有铅、锑、锡、锌、铜、铁和硫；碱浸渣中含量最高的元素铅的物相为PbS，锑的主要物相为$NaSb(OH)_6$，其他元素因为含量较低而未能产生衍射峰。

从前面的高砷烟尘氢氧化钠-硫黄选择性浸出脱砷实验研究中可知，高砷烟尘中的铅和锌在氢氧化钠-硫黄选择性浸出过程中转化为硫化铅和硫化锌进入了碱浸渣，硫化铅和硫化锌在水溶液中几乎不溶，在298K下PbS和ZnS的溶度积分别为2.29×10^{-27}和2.34×10^{-24}。在高砷烟尘碱浸渣硫化钠浸出过程中，水合锑酸钠和氧化锑等难溶于水的锑化合物，在硫化钠碱性溶液中能转化成硫代锑酸盐而较易溶于热液中；而铅锌的硫化物和铜铁铟的氧化物在硫化钠溶液中几乎不会被浸出。因此，采用硫化钠溶液作为浸出剂可以选择性的浸出碱浸渣中的锑，而将铅锌铁铜铟等其他金属抑制在浸出渣中，从而实现碱浸渣中锑与其他金属的有效分离。

高砷烟尘碱浸渣硫化钠浸出过程的主要化学反应如下所示：

$$NaSb(OH)_6 + 4Na_2S \longrightarrow Na_3SbS_4 + 6NaOH \qquad (6\text{-}1)$$

6.2.1 硫化钠浓度对锑浸出率的影响

在高砷烟尘碱浸渣为50g、浸出温度为98℃、液固比（高砷烟尘碱浸渣质量与氢氧化钠溶液体积之比）为6、浸出时间为2h、搅拌速度为400r/min的条件下，考察了硫化钠浓度分别为40g/L、50g/L、60g/L、80g/L、100g/L、120g/L和150g/L时对浸出过程锑浸出率（质量分数）的影响，实验结果如图6-2所示。

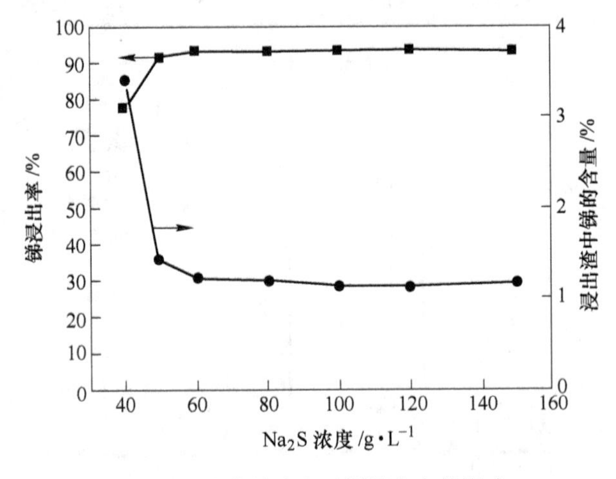

图6-2　硫化钠浓度对锑浸出率的影响

由图6-2可知，当硫化钠浓度从40g/L增加至60g/L时，浸出渣中锑含量从3.41%急剧降低至1.21%，与之对应，锑的浸出率从77.65%快速增加92.51%；当硫化钠浓度继续增加直至150g/L时，浸出渣中锑的含量在1.13%~1.19%之间波动，而锑的浸出率基本上没有什么变化，锑浸出率最高为93.04%。由反应方程式（6-1）可知：水合锑酸钠与硫化钠反应生成硫代锑酸钠和氢氧化钠，随着高砷烟尘碱浸渣硫化钠浸出反应的进行，反应生成的氢氧化钠量越来越多，导致溶液中氢氧化钠的浓度逐渐增加。随着溶液中氢氧化钠浓度的提高以及原料中水合锑酸钠含量的降低，使得浸出反应的推动力降低，浸出反应逐渐趋于平衡。由反应方程式（4-17）可知，硫代锑酸钠在氢氧化钠溶液将发生水解反应生成水合锑酸钠与硫化钠，因此，在硫化钠浸出过程中高砷烟尘碱浸渣中的水合锑酸钠不可能完全转化为硫代锑酸钠，这样就使得通过单纯提高硫化钠浓度并不能无限制地提高锑的浸出率。高砷烟尘碱浸渣中锑完全浸出的理论计算所需硫化钠的浓度约为45g/L，实际浸出过程中硫化钠的浓度必须适当过量以维持浸出液中存在一定量的硫化钠才能避免硫代锑酸钠的水解。综合考虑浸出成本和浸出率，选择硫化钠浓度为60g/L比较合适。

6.2.2 浸出温度对锑浸出率的影响

在高砷烟尘碱浸渣为50g、硫化钠浓度为60g/L、液固比为6、浸出时间为2h、搅拌速度为400r/min的条件下，考察了浸出温度分别为50℃、60℃、70℃、80℃、90℃和98℃时对浸出过程锑浸出率（质量分数）的影响，实验结果如图6-3所示。

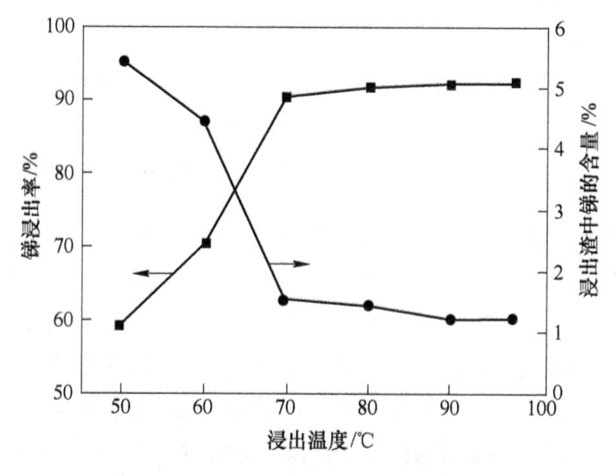

图6-3 浸出温度对锑浸出率的影响

由图6-3可知，浸出温度对高砷烟尘碱浸渣中锑的浸出影响很大，随着浸出温度从50℃增加至70℃，浸出渣中锑的含量从5.41%急剧降低至1.524%，锑的浸出率从59.09%急剧增加至90.18%；随着浸出温度继续增加至90℃，浸出渣中锑的含量逐渐降低至1.216%，锑的浸出率继续增加至92.08%；进一步增加浸出温度，浸出渣中锑的含量基本上没有什么变化，锑浸出率的增加幅度可以忽略。一方面，浸出温度的升高使得溶液中分子的运动加剧，提高了溶液中分子和离子的扩散速度，促进了水合锑酸钠分子化学键的断裂，加速水合锑酸钠的溶解电离；另一方面，硫代锑酸钠在水溶液体系的溶解度随着温度的增加而增加。因此，随着浸出温度的升高，水合锑酸钠溶解反应平衡向正方向移动，锑浸出率逐渐增加。在90℃之后，水合锑酸钠的溶解反应趋于平衡，锑浸出率趋于稳定。为确保较高的锑浸出率和较低的能耗，浸出温度选择90℃比较合适。

6.2.3 液固比对浸出率的影响

在高砷烟尘碱浸渣为50g、硫化钠浓度为60g/L、浸出温度为90℃、浸出时间为 2h、搅拌速度为 400r/min 的条件下，考察了液固比分别为 4、5、6、8 和 10 时对浸出过程锑浸出率（质量分数）的影响，实验结果如图 6-4 所示。

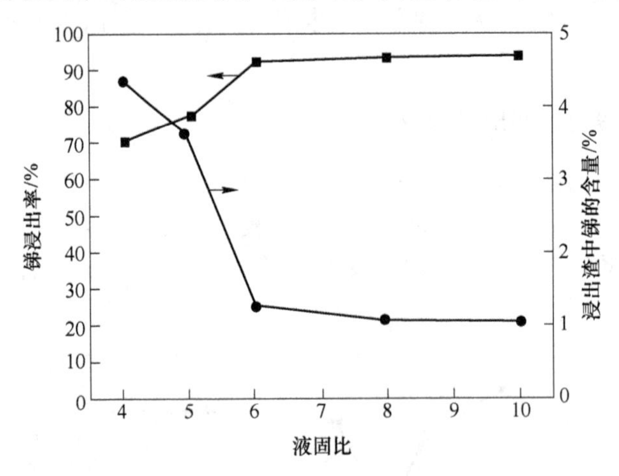

图 6-4 液固比对锑浸出率的影响

由图 6-4 可知，随着浸出液液固比的增加，浸出渣中锑的含量先急剧降低然后缓慢降低直至维持不变，锑浸出率先逐渐增加然后趋于稳定。当液固比从 4 增加到 6，浸出渣中锑的含量从 4. 372% 降低至 1. 224%，锑的浸出率从 70. 24% 增加至 92. 13%；进一步提高液固比至 10，浸出渣中锑的含量降至 1. 033%，锑浸出率缓慢增加至 93. 76%。因为初始硫化钠的浓度是固定不变的，随着浸出过程的液固比的减小，浸出体系中硫化钠的数量越来越小，锑的浸出受到抑制。另外，随着浸出液液固比越低，浸出体系的体积越来越小，浸出体系的黏度增加，浸出液中的固含量越高，液固分离过程中浸出渣夹带损失的锑量增加，需要用大量的水洗涤浸出渣以降低锑的损失。当浸出液液固比增加至 6 以后，水合锑酸钠浸出反应平衡时浸出液中过剩的硫化钠浓度增加，促使锑浸出反应的向右进行，锑浸出率继续缓慢增加；但是随着液固比的增加，硫化钠的用量也大幅度增加。综合考虑生产成本和锑浸出率，液固比选择 5. 0 比较合适。

6. 2. 4 氢氧化钠浓度对浸出率的影响

在高砷烟尘碱浸渣为 50g、硫化钠浓度为 60g/L、浸出温度为 90℃、液固比为 6、浸出时间为 2h、搅拌速度为 400r/min 的条件下，考察了氢氧化钠浓度分别为 5g/L、10g/L、20g/L、30g/L 和 40g/L 时对浸出过程锑浸出率（质量分数）的影响，实验结果如图 6-5 所示。

由图 6-5 可知，随着氢氧化钠浓度的增加，浸出渣中锑的含量先降低然后趋于稳定，锑浸出率先增加然后趋于稳定。当氢氧化钠浓度从 5g/L 增加至 10g/L，锑浸出率从 92. 18% 增加至 92. 81%，浸出渣中锑的含量从 1. 274% 降低至

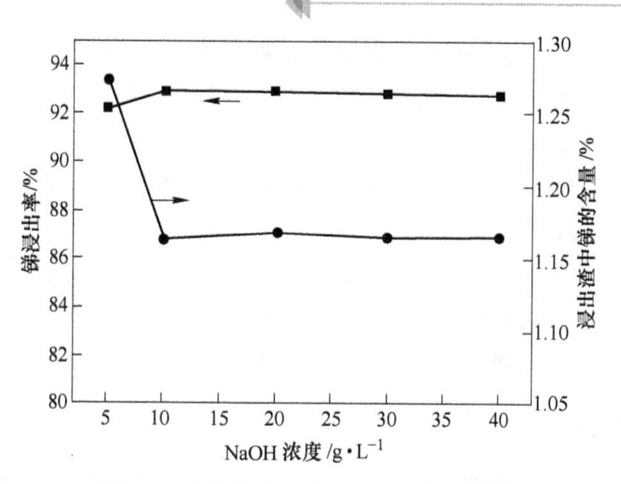

图6-5 氢氧化钠浓度对锑浸出率的影响

1.163%；继续提高氢氧化钠的浓度，锑浸出率维持在92.80%左右，浸出渣中锑的含量在1.163%~1.168%之间波动。硫化钠在水溶液中容易水解生成氢氧化钠、硫氢化钠和硫化氢，因此在浸出体系中加入一定量的氢氧化钠可以有效抑制硫化钠的水解，因水合锑酸钠与硫化钠的反应将产生氢氧化钠，故仅需要在硫化钠溶液中添加少量的氢氧化钠就可以达到防止硫化钠水解的目的。综合考虑，选择氢氧化钠浓度为10g/L比较合适。

6.2.5 浸出时间对浸出率的影响

在高砷烟尘碱浸渣为50g、硫化钠浓度为60g/L、浸出温度为90℃、液固比为6、氢氧化钠浓度为10g/L、搅拌速度为400r/min的条件下，考察了浸出时间分别为15min、30min、45min、60min、90min、120min和180min时对浸出过程锑浸出率（质量分数）的影响，实验结果如图6-6所示。

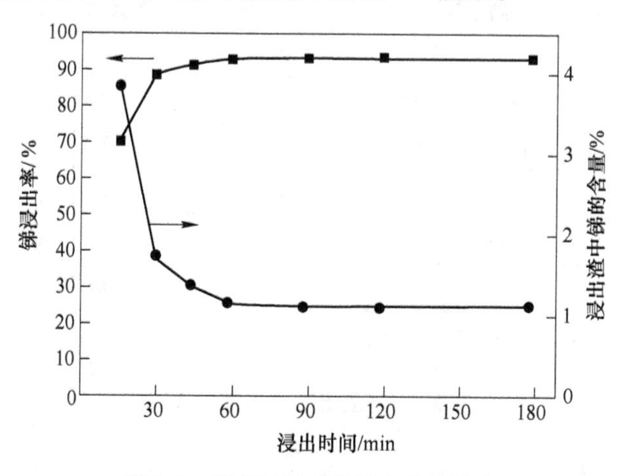

图6-6 浸出时间对锑浸出率的影响

从图 6-6 可知，随着浸出时间的延长，浸出渣中锑含量的变化呈现首先快速降低然后缓慢降低直至维持不变；与之对应，锑浸出率的变化趋势是先增加然后趋于稳定。当浸出时间从 15min 延长至 60min 时，锑浸出率从 70.12% 增加至 93.08%，浸出渣中锑的含量从 3.912% 降低至 1.137%；继续延长浸出时间至 180min，锑浸出率维持在 93% 左右，浸出渣中锑的含量在 1.12% 左右。随着浸出反应的进行，浸出液中作为反应物的硫化钠的浓度越来越低，式（6-1）所示的浸出反应向右移动的推动力越来越小，浸出反应速率随着越来越低，直至浸出反应趋于平衡。综合考虑，选择反应时间为 60min 比较合适。

6.2.6 综合实验

通过以上的系列条件实验研究，可得出高砷烟尘碱浸渣硫化钠浸出的优化工艺条件：硫化钠浓度为 60g/L、浸出温度为 90℃、液固比为 6、氢氧化钠浓度为 10g/L、浸出时间为 60min、搅拌速为 400r/min。在此优化工艺条件，进行了 3 次实验，实验结果见表 6-2 和表 6-3。高砷烟尘碱浸渣硫化钠浸出渣的化学成分见表 6-4，浸出渣的 XRD 图谱如图 6-7 所示。

表 6-2 高砷烟尘碱浸渣硫化钠浸出优化实验结果

实验编号	浸出液/mL	浸出液中各元素浓度/g·L^{-1}								浸出渣/g	中锑的含量/%
		As	Sb	Pb	Sn	Zn	Cu	Fe	In		
1	355	0.093	13.63	0.025	0.68	0.003	0.001	0.012	0.003	32.31	1.183
2	360	0.092	13.87	0.026	0.66	0.002	0.001	0.011	0.004	32.13	1.124
3	355	0.098	14.05	0.023	0.64	0.002	0.001	0.012	0.004	32.40	1.119

表 6-3 高砷烟尘碱浸渣硫化钠浸出优化实验中各元素的浸出率

实验编号	浸出率/%							
	As	Sb	Pb	Sn	Zn	Cu	Fe	In
1	60.03	92.77	0.04	29.62	0.07	0.07	0.49	0.58
2	60.22	93.17	0.04	29.15	0.04	0.07	0.46	0.78
3	63.25	93.15	0.03	27.88	0.04	0.07	0.49	0.77
平均	61.17	93.03	0.04	28.88	0.05	0.07	0.48	0.71

注：锑的浸出率以渣计，其他金属的浸出率以液计。

表 6-4 浸出渣的化学成分

名称	As	Sb	Pb	Sn	Zn	Cu	Fe	S	Na	In
含量/%	0.048	1.18	69.37	1.65	4.85	1.53	2.46	15.31	0.46	0.57

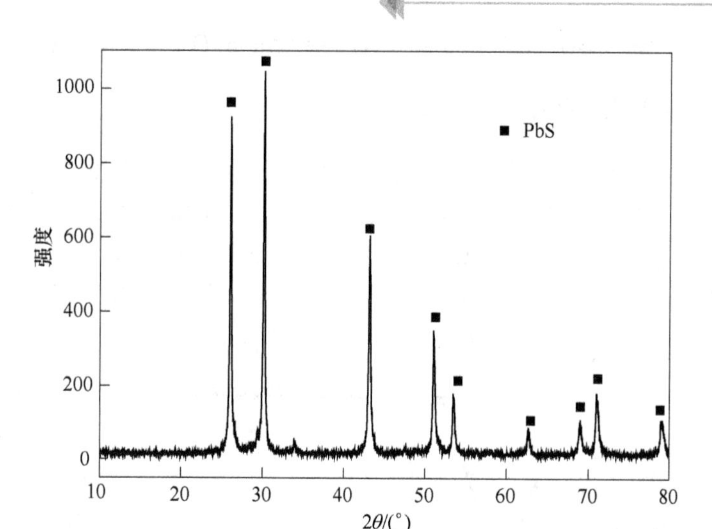

图 6-7 硫化钠浸出渣的 XRD 图谱

由表 6-2 和表 6-3 可以看出：在优化实验条件下，锑的平均浸出率为 93.03%，锡的平均浸出率为 28.88%，砷的平均浸出率为 61.17%，铅、锌、铜、铁、铟等的浸出率都低于 1%，铅、锌、铜、铁、铟等几乎全部进入浸出渣中；锑浸出液中锡的浓度为 0.7g/L 左右，铅、锌、铜、铁、铟、砷等的浓度均小于 0.1g/L，锑浸出液中杂质浓度低，可以直接制备焦锑酸钠产品。

由表 6-4 可以看出：浸出渣中铅、锡、锌、铜、铟等有价金属元素都得到不同程度的富集。从图 6-7 中只能看到 PbS 的衍射峰，对比高砷烟尘碱浸渣的 XRD 图谱，可以看出在硫浸渣的 XRD 图谱中锑的物相 $NaSb(OH)_6$ 的衍射峰消失了，衍射峰的变化说明了锑在硫化钠浸出过程中被浸出。

从优化实验结果可以看出：硫化钠浸出能高效选择性分离提取高砷烟尘碱浸渣中的锑，硫浸渣中铅的主要物相为硫化铅，浸出渣既可以作为铅冶炼的原料返回铅厂回收铅，也可以回收铟之后再返回铅厂处理。

6.3 锑浸出液空气氧化研究

将高砷烟尘碱浸渣硫化钠浸出实验得到的浸出液混合，搅拌均匀，作为空气氧化制备焦锑酸钠的原料，其化学成分见表 6-5。

表 6-5 浸出液的化学成分

名　称	Sb	Sn	As	Pb	Cu	Fe	Zn
浓度/$g \cdot L^{-1}$	12.01	0.52	0.01	0.018	0.001	0.012	0.002

锑浸出液空气氧化过程的主要化学反应如下所示：

$$Na_3SbS_4 + 4O_2 + 2NaOH + 2H_2O \xlongequal{} NaSb(OH)_6 + 2Na_2S_2O_3 \quad (6\text{-}2)$$

6.3.1 反应温度对沉锑效果的影响

理论上，反应温度直接影响反应的速度。一般来说，在低温时反应速度较慢，当温度升高时，分子的热运动速度加快，分子的碰撞概率增加，有利于反应过程的进行。在浸出液为300mL、空气流量为5.5L/min、反应时间为11h、搅拌速度为300r/min的条件下，考察了反应温度对空气氧化沉锑效果的影响，以确定合适的反应温度。实验结果如图6-8所示。

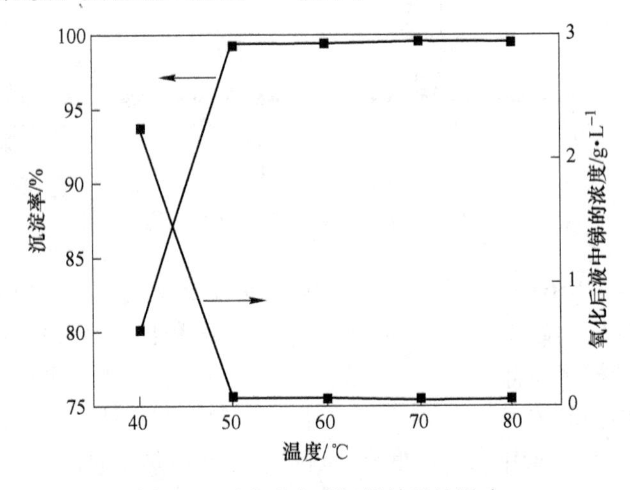

图6-8 反应温度对沉锑效果的影响

由图6-8可知，氧化沉淀过程中锑沉淀率随着反应温度的升高而增加，沉淀后液中锑的浓度随着反应温度的升高而降低。硫代锑酸盐的空气氧气反应是吸热反应，因而随着反应温度的升高，反应平衡向正方向移动，锑沉淀率增加。在50℃之前，沉淀后液中锑的浓度随着反应温度的增加而急剧降低，锑沉淀率随着反应温度的增加而急剧增加；而在50℃之后，锑沉淀率增加的幅度逐渐降低，锑趋于完全沉淀。实验中发现，在空气鼓入溶液的前期产生的泡沫比较多，泡沫消解的速度跟反应温度呈正比，当反应温度较低时，泡沫消解的速度过慢，影响实验的正常进行。综合考虑，反应温度选择60℃比较合适。

6.3.2 反应时间对沉锑效果的影响

在浸出液为300mL、空气流量为6.0L/min、反应温度为60℃、搅拌速度为300r/min的条件下，考察了反应时间对空气氧化沉锑效果的影响，实验结果如图6-9所示。

由图6-9可知，空气氧化过程锑沉淀率随着反应时间的增加而增加，溶液中

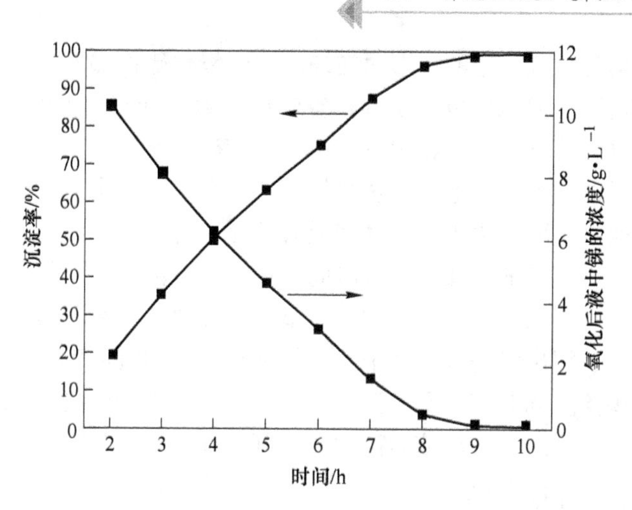

图 6-9 反应时间对沉锑效果的影响

锑的浓度随着反应时间的增加而降低。在 9h 以前，锑沉淀率随着反应时间的增加而快速增加；在 9h 以后，因为溶液中锑离子基本上被氧化沉淀完全，锑沉淀率趋于稳定。进一步延长反应时间，锑沉淀率维持不变。综合考虑，反应时间选择 9h 比较合适。

6.3.3 空气流量对沉锑效果的影响

在浸出液为 300mL、反应时间为 9h、反应温度为 60℃、搅拌速度为 300 r/min的条件下，考察了空气流量对空气氧化沉锑效果的影响，实验结果如图 6-10 所示。

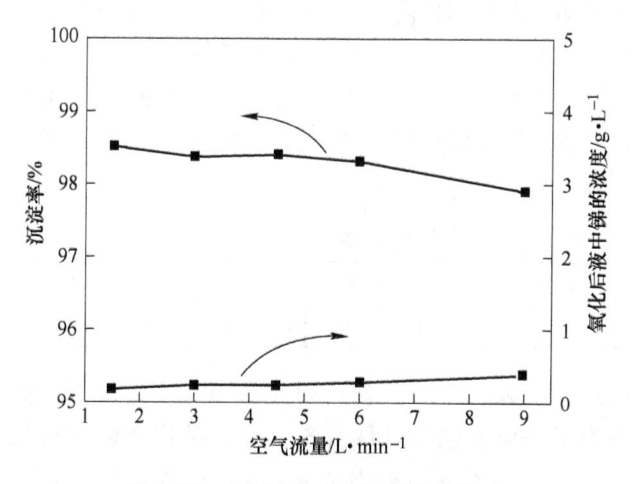

图 6-10 空气流量对沉锑效果的影响

由图 6-10 可知，空气氧化过程锑沉淀率随着空气流量的增加而降低，沉淀后液中锑浓度随着空气流量的增加而增加。空气氧化硫代锑酸盐反应属于气液反应体系，反应过程一般包括以下步骤：空气中的氧气向气-液界面上扩散，氧气在界面上的溶解，溶解氧与液相中硫代锑酸钠和硫代亚锑酸钠发生反应等。空气通入浸出液后形成大量的气泡，通过搅拌的作用分散到整个溶液体系中，气泡穿过液体的运动速度主要取决于推动气泡上升的浮力与阻碍这种运动的黏滞力和形状阻力。随着空气流量的增加，单位时间内进入浸出液中的空气量增加，气泡受到的浮力增加，空气从溶液中逸出的速率增加，导致气泡来不及与硫代锑酸钠发生反应就迅速穿过浸出液进入空气中，这样就导致了锑沉淀率随着空气流量的增加反而降低的现象。同时随着空气流量的增加，空气夹带走的水汽量增加，沉淀后液的体积随之减小，导致沉淀后液中锑浓度增加的幅度加大。综合考虑，空气流量选择 1.5L/min 比较合适。

通过空气氧化沉锑条件实验得出优化的工艺条件：空气流量为 1.5L/min、反应时间为 9h、反应温度为 60℃、搅拌速度为 300r/min。在此优化条件下，锑沉淀率为 98.51%，沉淀后液中锑浓度为 0.18g/L。

锑浸出液中的硫在空气氧化沉淀焦锑酸钠过程中大部分被氧化成硫代锑酸钠，部分被氧化成亚硫酸钠和硫酸钠，可以通过添加硫黄将溶液中的亚硫酸钠转化成硫代硫酸钠，然后蒸发浓缩，冷却结晶得到硫代硫酸钠产品[225]。

6.3.4　粗焦锑酸钠的精制及产品表征

空气氧化制备的粗焦锑酸钠外观为灰色粉末，杂质含量较高。将制备的粗焦锑酸钠用 50% 盐酸溶液溶解，过滤，滤去不溶物质，得到清澈的氯化锑溶液；将氯化锑溶液缓慢加入 5 倍体积的纯水中，在搅拌下水解 30min，过滤，锑水解产物用 1% 的盐酸洗涤 1 次；锑水解产物加水调浆，在搅拌下缓慢加入 30% 的 NaOH 溶液，在 80℃下转化反应 30min，过滤，焦锑酸钠分别用 5% NaOH 溶液和纯水洗涤 1 次，再置于烘箱内在 90℃下干燥 12h。精制后焦锑酸钠的外观为白色粉末，其化学成分见表 6-6。

表 6-6　焦锑酸钠的化学成分

名称	Sb	Na	Sn	Si	Pb	Fe	S	Zn	Cu	V	Cr
含量/%	47.90	8.54	0.23	0.033	0.026	0.019	0.0038	0.0024	0.0005	0.0003	0.0001

由表 6-6 可知，精制后焦锑酸钠中还有少量锡未除尽，其他杂质的含量都比较低；锑的含量为 47.9%、钠的含量为 8.54%，都比理论值稍低（其理论值分别为 49.34% 和 9.31%），分析其原因有可能是焦锑酸钠中的吸附水未全部脱除。

图 6-11 所示为精制后焦锑酸钠的 X 射线衍射谱图和扫描电镜照片。由图中可知：精制后得到的产品为纯净的单一物相、晶型完整的 $NaSb(OH)_6$；精制后

的焦锑酸钠粉末为单分散、外形规整的颗粒，产品的粒度小于 50μm。

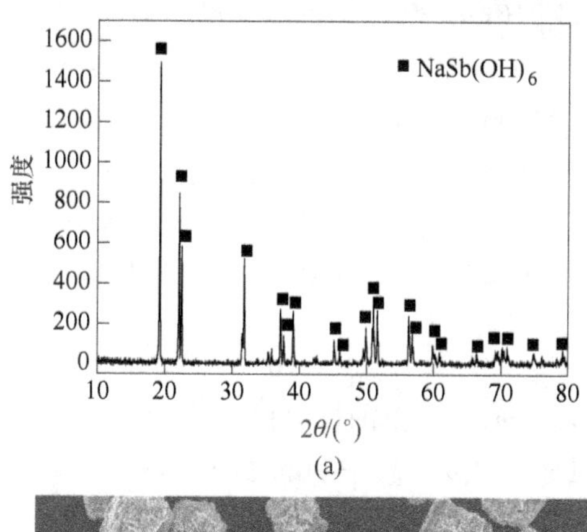

(a)

(b)

图 6-11　焦锑酸钠的表征

（a）X 射线衍射谱；（b）扫描电镜照片

6.4　碱浸渣硫化钠浸出动力学研究

6.4.1　实验方法及步骤

高砷烟尘碱浸渣硫化钠浸出动力学研究实验装置示意图与图 2-4 所示装置相同。综合考虑高砷烟尘碱浸渣硫化钠浸出优化实验条件，确定的动力学研究实验条件为：高砷烟尘碱浸渣为 4.0g、硫化钠浓度为 60g/L、液固比（高砷烟尘碱浸渣质量与硫化钠溶液体积之比）为 100、搅拌速度为 400r/min。

实验步骤：按照实验要求称取 73.85g $Na_2S \cdot 9H_2O$，溶解于 400mL 纯水中，加入 500mL 四口圆底烧瓶中，将四口圆底烧瓶置于恒温水浴锅中，水浴加热，开启搅拌并调整搅拌速度至设定值，同时开启冷却水，使挥发的水蒸气冷凝回流，以维持浸出体系体积的恒定，当四口圆底烧瓶内氢氧化钠溶液温度达到设定温度时，将事先称好的高砷烟尘和硫黄倒入四口烧瓶中，然后开始计时，在反应时间分别为 0.5min、1.0min、2.0min、3.0min、5.0min、10min、15min、20min 和 30min 时取样。每次用 10mL PP 针筒抽取 5mL，套上针筒式滤膜过滤器，过滤于 10mL 刻度试管内，取 1mL 滤液，移入 50mL 高型烧杯中，加入 5mL 浓度为 40g/L 的氢氧化钠溶液和 3mL 双氧水氧化 10min，微沸 2min，取下稍冷，加入 15mL 浓盐酸酸化，移至 100mL 容量瓶中，定容、摇匀。

将酸化后液稀释至合适浓度，采用原子荧光光度计分析溶液中砷的浓度，按照式（6-3）计算高砷烟尘碱浸渣硫化钠浸出动力学研究实验中锑的浸出率。

$$X = \frac{Vc}{m_0\omega_0 \times 10} \times 100\% \qquad (6\text{-}3)$$

式中，X 为锑浸出率,%；m_0 为浸出前样品的质量，g；ω_0 为样品中锑的含量,%；V 为浸出液的体积，mL；c 为浸出液中锑的浓度，g/L。

6.4.2 浸出动力学曲线

按照上文中所述实验条件开展了高砷烟尘碱浸渣硫化钠浸出过程动力学研究实验，得到了不同温度下砷浸出率随浸出时间变化关系图，如图 6-12 所示。

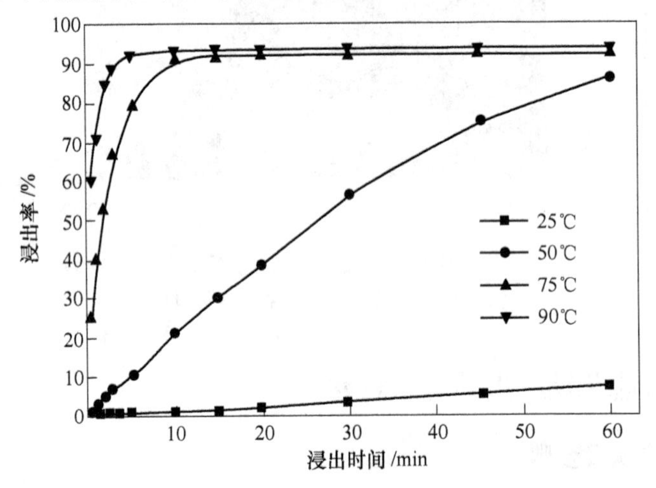

图 6-12 不同温度下锑浸出率与浸出时间的关系

从图 6-12 可知，在高砷烟尘碱浸渣硫化钠浸出过程中，锑的浸出受温度的影响比较大：当浸出温度为 25℃时，锑的浸出速率很慢，浸出时间延长至 60min 时，锑的浸出率仅 7% 左右，锑浸出率与浸出时间大致呈直线关系；当浸出温度提高至 50℃，锑的浸出速率有明显的增加，在浸出时间延长至 60min 时，锑的浸出率达到 86% 左右，锑浸出率与浸出时间呈近似直线关系；当浸出温度进一步提高至 75℃以上时，锑浸出率随着浸出时间的增加首先急剧增加，然后趋于平缓，在浸出温度为 75℃和 90℃时，当浸出时间分别增加至 10min 和 15min 时锑的浸出基本达到平衡，锑的浸出率均达到了 93% 左右。浸出率的变化正比于浸出反应速率，在高砷烟尘碱浸渣硫化钠浸出过程中，不同浸出温度下锑浸出率的随时间的变化情况由直线关系关系逐渐变化为类抛物线关系，浸出温度的增加对锑浸出反应速率的影响很大。因此，可以初步认为当浸出温度较低时，锑的浸出反应过程受化学反应控制的可能性比较大；随着浸出温度的提高，化学反应速率增加，锑的浸出反应过程逐渐过渡到受扩散控制。

首先采用经典的收缩未反应核模型对高砷烟尘碱浸渣硫化钠浸出过程进行模拟。在剧烈的搅拌条件下，颗粒外边界层的厚度很薄，浸出剂达到颗粒表面的速率很快，一般来说，浸出过程不受外扩散控制。因此，利用图6-12中的实验数据，采用收缩未反应核模型中的化学反应控制和内扩散控制模型对砷的浸出曲线进行拟合，在动力学模型拟合过程中，当浸出温度为25℃和50℃时，采用0～60min之间的数据来分析锑浸出率与时间的关系；当浸出温度为75℃时，采用0～10min之间的数据来分析锑浸出率与时间的关系；当浸出温度为90℃时，采用0～5min之间的数据来分析锑浸出率与时间的关系。对不同温度下所得锑浸出率 X 对应浸出时间 t 分别进行 $1-(1-X)^{1/3}$-t 和 $1-2X/3-(1-X)^{2/3}$-t 线性拟合，拟合结果如图6-13和图6-14所示。

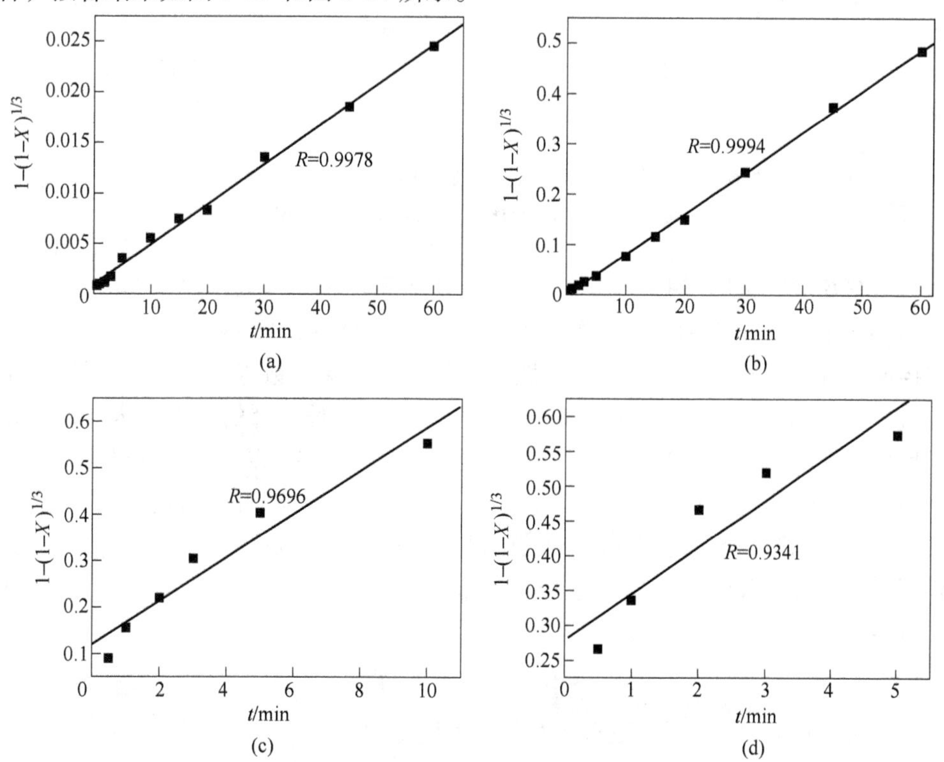

图6-13 不同温度下锑的 $1-(1-X)^{1/3}$-t 的关系

(a) 298K；(b) 323K；(c) 348K；(d) 363K

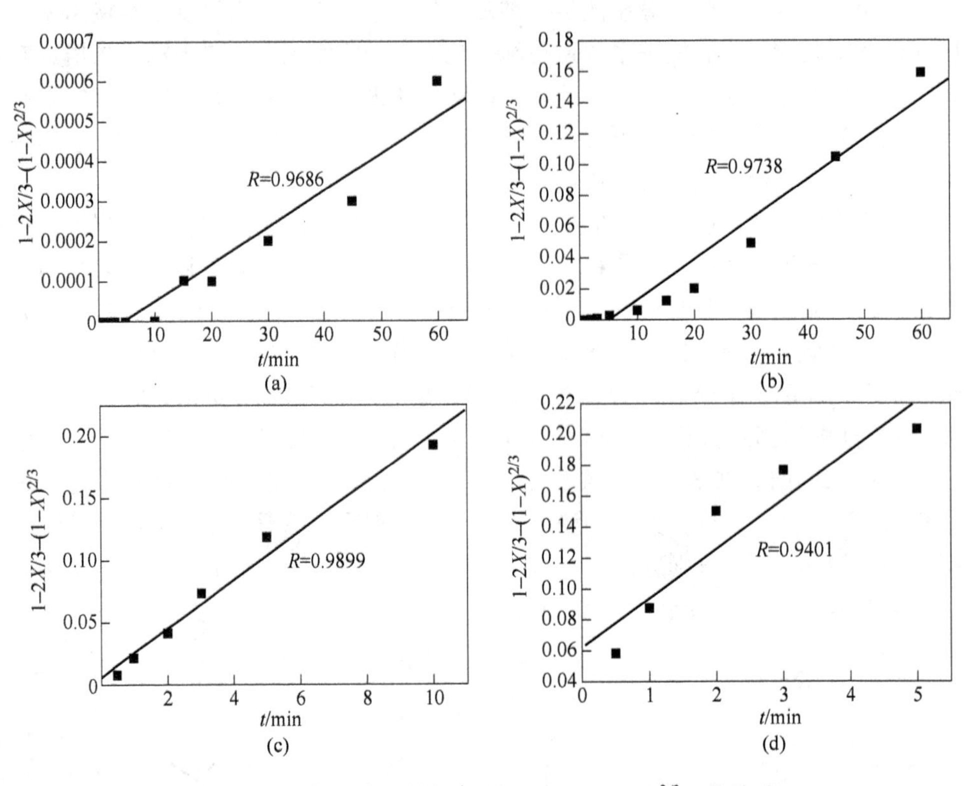

图 6-14 不同温度下锑的 $1-2X/3-(1-X)^{2/3}$-t 的关系

(a) 298K;(b) 323K;(c) 348K;(d) 363K

由图 6-13 和图 6-14 可知，当浸出温度在 298 ~ 323K 之间时，以 $1-(1-X)^{1/3}$ 对时间 t 作图得到是一条吻合得很好的且通过原点的直线，符合表面化学反应控制方程式，并且具有较好的线性回归关系（相关系数 $R\geqslant 0.99$）。当浸出温度进一步增加至 348K 以上时，碱浸渣硫化钠浸出过程中锑的浸出不再符合收缩未反应核模型。从图 6-12 可知，当浸出温度提高至 348K 以上时，碱浸渣硫化钠浸出过程中锑的初始浸出反应速率很大，而随着浸出反应时间的延长，锑的浸出反应速率逐渐减小，锑浸出率增加的幅度逐渐减小，锑浸出率趋于稳定。根据文献报道，此类的液固浸出反应过程可以采用 Avrami 方程进行模拟，其方程式如式（6-4）所示。

$$-\ln(1-X)=kt^{n} \tag{6-4}$$

对式（6-4）两边同时取自然对数，可以得到：

$$\ln[-\ln(1-X)]=\ln k+n\ln t \tag{6-5}$$

将 348K 和 363K 下不同浸出时间对应的锑浸出率代入 $\ln[-\ln(1-X)]$ 中，

并分别对 $\ln t$ 作图可得到如图 6-15 所示的不同浸出温度下锑的 $\ln[-\ln(1-X)]$ 与 $\ln t$ 的关系图。

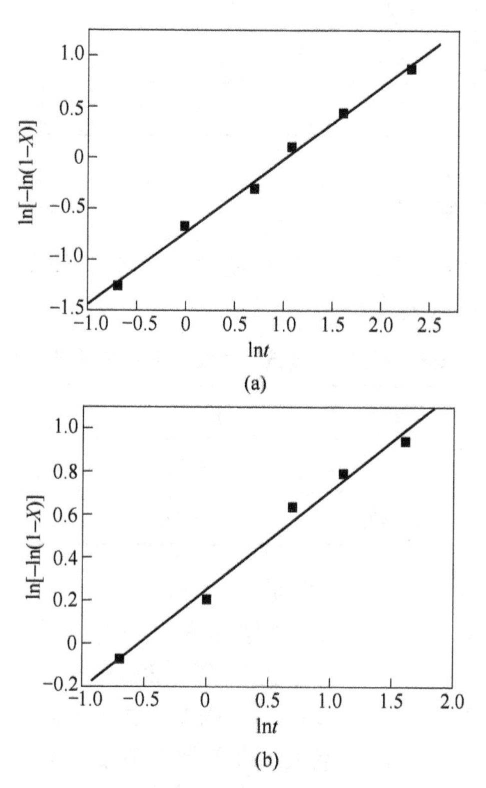

图 6-15 不同温度下锑的 $\ln[-\ln(1-X)]$ 与 $\ln t$ 的关系

（a）348K；（b）363K

由图 6-15 可知，348K 和 363K 下锑浸出率与浸出时间之间的拟合直线的相关系数分别为 0.9985 和 0.9928，各拟合直线的线性相关性很显著，锑的浸出率数据很好地满足线性回归关系；348K 和 363K 下锑浸出率与浸出时间之间的拟合直线的斜率 n 在 1.0 以下，符合 Avrami 方程使用的前提条件。当浸出温度在 298～323K 之间时，$1-(1-X)^{1/3}$ 与 t 线性回归方程见表 6-7；当浸出温度在 348～363K 之间时，$\ln[-\ln(1-X)]$ 与 $\ln t$ 线性回归方程见表 6-8。

表 6-7 298～323K 温度范围内 $1-(1-X)^{1/3}$ 与 t 关系

T/K	回 归 方 程	相关系数 R
298	$1-(1-X)^{1/3}=0.00094+0.000397t$	0.9978
323	$1-(1-X)^{1/3}=-0.00124+0.00812t$	0.9994

表 6-8 348 ~ 363K 温度范围内 $\ln[-\ln(1-X)]$ 与 $\ln t$ 关系

T/K	回 归 方 程	相关系数 R
348	$\ln[-\ln(1-X)]=-0.73165+0.712373\ln t$	0.9985
363	$\ln[-\ln(1-X)]=0.2506+0.46012\ln t$	0.9928

6.4.3 表观活化能和控制步骤

利用图 6-12 中的实验数据，当浸出温度在 298 ~ 323K 之间时，对锑浸出率进行线性拟合，拟合结果见表 6-9。

表 6-9 298 ~ 323K 温度范围内锑浸出率与浸出时间关系

T/K	拟合的直线方程	相关系数 R	浸出速率 k/min^{-1}
298	$\%X=0.29543+0.1164t$	0.9976	0.1164
323	$\%X=4.6452+1.4975t$	0.9895	1.4975

由表 6-9 中所示的锑浸出速率常数 k，以 $\ln k$ 对 $1/T$ 作图，通过拟合直线的斜率可以计算得到 298 ~ 323K 温度范围内锑浸出反应的表观活化能。图 6-16 所示为碱浸渣硫化钠浸出过程在浸出温度为 298 ~ 323K 范围内锑的 $\ln k$ 与 $1/T$ 的关系图，其回归方程式为：$Y=26.73-9825.08X$。根据阿仑尼乌斯（Arrhenius）公式可计算得到在 298 ~ 323K 温度范围内高砷烟尘碱浸渣硫化钠浸出过程中锑浸出的表观活化能为 81.69kJ/mol。

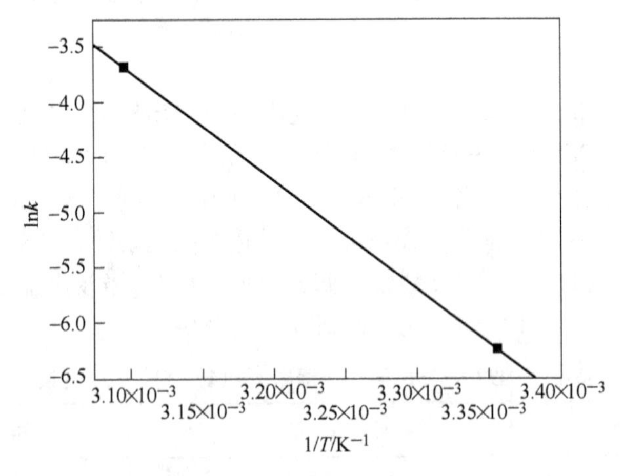

图 6-16 298 ~ 323K 温度范围内浸出过程锑的 $\ln k$ 与 $1/T$ 的关系

当浸出温度在 348 ~ 363K 之间时，由式（6-5）可知，图 6-15 中不同浸出温度下浸出率与浸出时间之间的拟合直线在坐标轴上的截距值代表 ln$k$。根据式（4-28），以 ln$k$ 对 $1/T$ 作图，通过直线斜率可求得浸出反应表观活化能。图 6-17 所示为高砷烟尘碱浸渣硫化钠浸出过程锑的 ln$k$ 与 $1/T$ 的关系图，其回归方程式为：$Y = 17.342 - 6289.62X$。根据阿仑尼乌斯（Arrhenius）公式可计算得到在 348 ~ 363K 温度范围内高砷烟尘碱浸渣硫化钠浸出过程中锑浸出的表观活化能为 52.29kJ/mol。一般来说，当冶金过程中反应的表观活化能大于 40kJ/mol 时则属于化学反应控制。

由式（4-28）和图 6-16 及图 6-17 中拟合直线在坐标上的截距可计算得到浸出温度范围为 298 ~ 323K 和 348 ~ 363K 时频率因子 A 分别为 4.06×10^{11} 和 3.4×10^{7}。故高砷烟尘碱浸渣硫化钠浸出过程中锑的浸出反应速率常数 k_{Sb} 与 T 的函数关系式分别为：

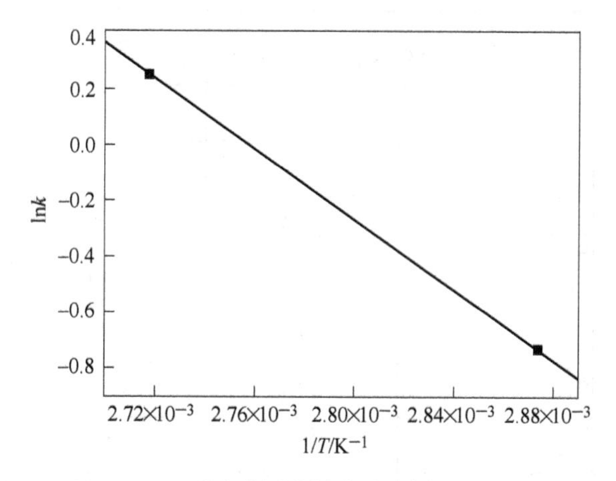

图 6-17 348 ~ 363K 温度范围内浸出过程锑的 ln$k$ 与 $1/T$ 的关系

$$k_{Sb} = 4.06 \times 10^{11} \times \exp(-9.825 \times 10^{3}/T) \quad (6\text{-}6)$$

$$k_{Sb} = 3.4 \times 10^{7} \times \exp(-6.290 \times 10^{3}/T) \quad (6\text{-}7)$$

6.5 硫化钠浸出渣中铟的回收探索

6.5.1 正交实验设计

根据相关实验和理论分析，对硫化钠浸出渣硫酸浸出过程中各金属浸出率的影响最大的 3 个主要因素是硫酸浓度、浸出温度和浸出时间，每个因素分别取 3 个水平做实验，得因素与水平表见表 6-10。不考虑浸出实验过程中各因素之间的相互作用，选择 $L_9(3^4)$ 正交实验设计表，实验的设计见表 6-11。其他实验条件为：硫化钠浸出渣为 40g、液固比（硫化钠浸出渣质量与硫酸溶液体积之比）为 8:1、搅拌速度为 400r/min。硫化钠浸出渣硫酸浸出过程中可能发生的主要化学反应如下所示：

$$In_2O_3 + 3H_2SO_4 = In_2(SO_4)_3 + 3H_2O \tag{6-8}$$

表 6-10 因素与水平

水 平	因 素		
	A	*B*	*C*
	硫酸浓度/mol · L^{-1}	浸出温度/℃	浸出时间/h
1	$A_1=1$	$B_1=50$	$C_1=1$
2	$A_2=2$	$B_2=70$	$C_2=2$
3	$A_3=3$	$B_3=95$	$C_3=3$

表 6-11 $L_9(3^4)$ 正交实验设计

列 号	1	2	3	4
实验号	*A*	*B*	*C*	空白列
	硫酸浓度/mol · L^{-1}	浸出温度/℃	浸出时间/h	
1	1(1)	1(50)	1(1)	1
2	1	2(70)	2(2)	2
3	1	3(95)	3(3)	3
4	2(2)	1	2	3
5	2	2	3	1
6	2	3	1	2
7	3(3)	1	3	2
8	3	2	1	3
9	3	3	2	1

6.5.2 正交实验结果及讨论

硫化钠浸出渣硫酸浸出的三因素三水平正交实验的结果见表 6-12。表 6-12 中 T_1、T_2 和 T_3 所在行的数据分别为各因素在同一水平下的浸出率之和，均值 T_1、均值 T_2 和均值 T_3 表示的是各因素在每一个水平下的平均浸出率，R 是均值 T_1、均值 T_2 和均值 T_3 各列三个数据的极差，反映的是正交实验中各因素的重要程度。

表 6-12 正交实验结果

实验号	因素			
	A 硫酸浓度/mol · L^{-1}	B 浸出温度/℃	C 浸出时间/h	实验结果 y 铟浸出率/%
1	1(1)	1(50)	1(1)	69.38
2	1	2(70)	2(2)	65.05
3	1	3(95)	3(3)	63.49
4	2(2)	1	2	71.07
5	2	2	3	72.04
6	2	3	1	72.16
7	3(3)	1	3	72.52
8	3	2	1	70.61
9	3	3	2	73.01
T_1	197.92	212.97	212.15	
T_2	215.27	207.7	209.13	
T_3	216.14	208.66	208.05	
均值 T_1	65.97	70.99	70.72	
均值 T_2	71.76	69.23	69.71	
均值 T_3	72.05	69.55	69.35	
R	6.08	1.76	1.37	

由表 6-12 可知，在硫化钠浸出渣硫酸浸铟的正交实验过程中，铟浸出率最高的为第 9 号实验 $A_3B_3C_2$，铟的浸出率达到了 73.01%；各因素的铟平均浸出率最高的水平组合 $A_3B_1C_1$ 即为理论上最优的实验方案；各因素的极差 $R_A > R_C > R_B$，R_A 值达到了 6.08，高于其他因素的极差（R_B 和 R_C 值分别为 1.76 和 1.37），说明硫酸浓度对硫酸浸出硫化钠浸出渣中铟的影响程度最大，是决定性因素。

在正交实验中硫酸浓度、浸出温度和浸出时间等三个因素对铟的浸出率的影响趋势如图 6-18 所示。

由表 6-12 和图 6-18 中可以看出，铟的浸出率随着硫酸浓度的增加先快速增

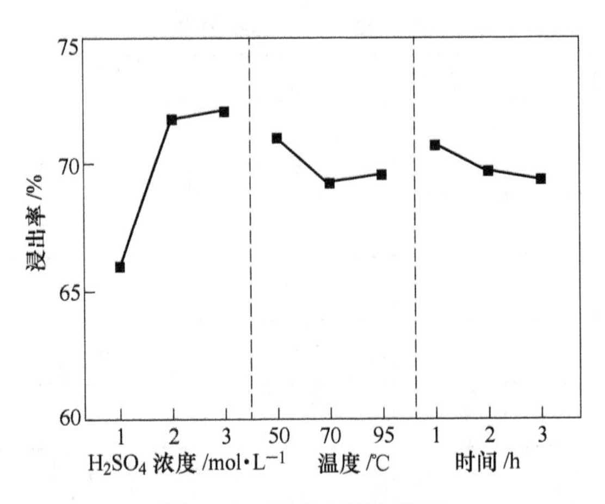

图 6-18 因素水平趋势图

加然后趋于稳定，初始硫酸浓度的增加，促使反应式（6-8）的平衡向右移动，促进了氧化铟向硫酸铟的转化，提高了铟的浸出率；铟的浸出率随着浸出温度和浸出时间的增加而降低。

对第 1 号、6 号、9 号实验的浸出渣进行了 XRD 分析，各浸出渣 XRD 分析图谱如图 6-19 所示。

从图 6-19 可知，第 1 号实验的浸出渣的主要物相为 PbS，仅有极少量的 $PbSO_4$；第 6 号实验的浸出渣的主要物相为 PbS，$PbSO_4$ 的衍射峰强度比 1 号浸出渣中的要大得多；第 9 号实验的浸出渣的主要物相为 $PbSO_4$，PbS 变成了次要相。由此可以推断，在硫化钠浸出渣硫酸浸出过程中的 PbS 与硫酸反应生成 $PbSO_4$ 和 H_2S，反应如式（6-9）所示。

$$PbS + H_2SO_4 = PbSO_4 + H_2S \tag{6-9}$$

1 号、6 号和 9 号实验对应的硫酸浓度分别为 1.0mol/L、2.0mol/L 和 3.0mol/L，结合图 6-19 可以推断，随着浸出过程硫酸浓度的增加，浸出渣中 PbS 逐渐转化为 $PbSO_4$ 并释放出 H_2S，H_2S 与浸出液中的 In^{3+} 发生反应生成 In_2S_3，反应如式（6-10）所示。

$$In_2(SO_4)_3 + 3H_2S = In_2S_3 + 3H_2SO_4 \tag{6-10}$$

结合表 6-12 和图 6-18 可以推测：

（1）随着硫酸浓度的增加，硫化钠浸出渣中的铟与硫酸反应进入浸出液中量增加，铟的浸出率增加，进一步提高硫酸的浓度，浸出渣中的 PbS 与硫酸反应释放出 H_2S，H_2S 与浸出液中的 In^{3+} 发生反应生成 In_2S_3 进入浸出渣中，导致铟的浸出率趋于稳定。

（2）随着浸出温度的增加，PbS 与硫酸的反应的速率增加，释放的 H_2S 量增

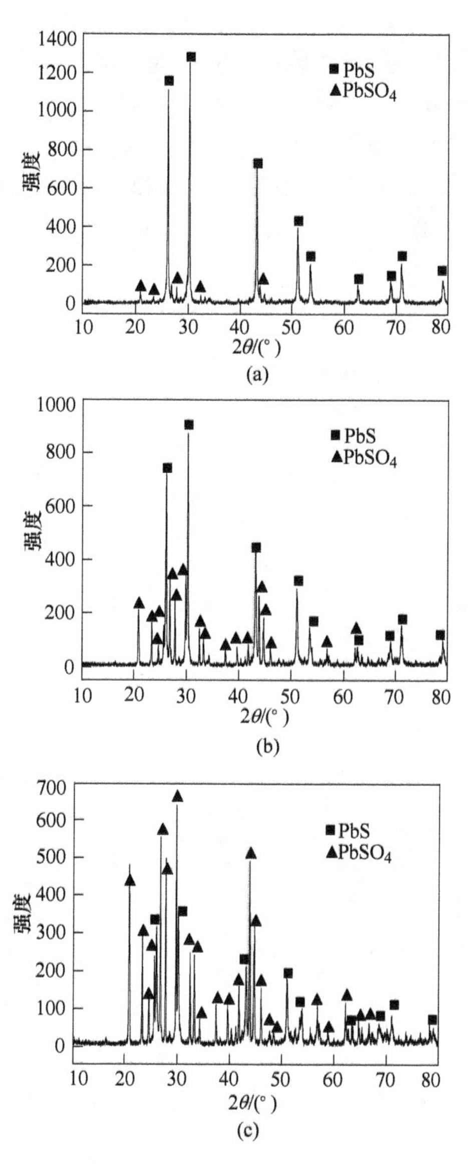

图 6-19 浸出渣 XRD 图谱
(a) 1 号；(b) 6 号；(c) 9 号

加，使得浸出液中更多的 In^{3+} 生成 In_2S_3 进入浸出渣中，而浸出温度的升高也将促使浸出渣中的氧化铟与硫酸反应进入浸出液中，因此，铟的浸出率随着浸出温度的增加而降低然后趋于稳定。

（3）随着浸出时间的延长，PbS 与硫酸不断释放出 H_2S，使得浸出液中的 In^{3+} 生成 In_2S_3 进入浸出渣中，使得铟的浸出率随着浸出实验的延长而逐渐

降低。

通过前面的分析可知，随着硫酸浓度的增加，铟的浸出率有所增加，但是浸出渣中的硫化铅生成硫酸铅的转化率也大幅度增加，控制较低的浸出温度和较短的浸出时间，可以有效地避免浸出液中的 In^{3+} 生成 In_2S_3 进入浸出渣中。保持浸出渣中铅以 PbS 的形式存在有利于铅的回收。因此，比较合理的选择是因素组合为 $A_1B_1C_1$，即最佳的浸出条件为：硫酸浓度为 1.0mol/L、浸出温度为 50℃、浸出时间为 1h 和液固比为 8:1。

7 研究成果与展望

7.1 研究成果

本书以脆硫铅锑矿火法冶炼过程中产出的高砷烟尘为原料，在深入的浸出过程热力学和动力学理论分析基础上，采用氢氧化钠-硫黄选择性浸出高砷烟尘中的砷，碱浸液采用氧化—冷却结晶工艺回收砷酸钠，结晶后液返回高砷烟尘的浸出，砷酸钠结晶采用二氧化硫还原工艺制备三氧化二砷，脱砷后的碱浸渣采用硫化钠浸出—空气氧化工艺回收锑并制备焦锑酸钠，脱锑后的硫浸渣采用硫酸浸出工艺回收铟，实现了高砷烟尘的综合利用。主要研究结论如下：

（1）对高砷烟尘的化学成分、物相结构和元素赋存状态研究结果表明：高砷烟尘的成分比较复杂，含量在1%以上的元素有铅、锑、砷、氧、硫、锌、锡、氟、钠、铁、氯、铜等元素。高砷烟尘中存在的物相主要为方铅矿（PbS）、方锑矿（Sb_2O_3）、砷铅矿（$Pb_5(AsO_4)_3OH$）、砷华（As_2O_3）、砷酸铅（$Pb_2As_2O_7$）和五氧化二锑（Sb_2O_5），且各物相相互混杂在一起，未形成富集相，很难通过物理的方法将不同的物相分离。高砷烟尘中砷主要以氧化砷和砷酸铅的形式存在，以氧化砷和砷酸铅状态存在的砷所占的比例分别为48.7%和35.10%，其余的砷主要以硫化砷和砷酸锌的形式存在，其所占比例分别为7.32%和6.86%。

（2）高砷烟尘湿法处理过程的热力学计算和分析表明：采用氢氧化钠-硫黄浸出可以实现选择性浸出高砷烟尘中的砷，而将铅、锑、锌、铜和铁等有价元素抑制在浸出渣中；在硫化钠浸出碱浸渣过程中，碱浸渣中的锑以硫代锑酸钠的形式进入浸出液，铅、锌、铜、铁和铟以硫化物或者氧化物的形式进入硫化钠浸出渣中；采用硫酸浸出工艺可以实现硫化钠浸出渣中铟的浸出。计算并绘制了利用相关金属的Me-H_2O系和Me-S-H_2O系电位-pH图表研究了氢氧化钠-硫黄浸出高砷烟尘过程中主要金属的浸出行为。在氢氧化钠-硫黄浸出过程中，砷以砷酸钠、亚砷酸钠和硫代砷酸钠的形态进入浸出液中，锑以水合锑酸钠的形态进入浸出渣中，铅和锌以硫化铅和硫化锌的形式进入浸出渣中，铜和铁以氧化物的形式进入浸出渣中。在高砷烟尘氢氧化钠-硫黄选择性浸砷过程中，硫黄既是氧化剂又是硫化剂，硫黄可以将氢氧化钠溶液中的Na_3SbO_3氧化成Na_3SbO_4，同时硫黄还可以将浸出液中游离态的铅和锌转化为难溶于水的硫化铅和硫化锌。

（3）系统研究了高砷烟尘氢氧化钠-硫黄选择性浸砷的工艺过程。通过正交实验和单因素条件实验确定了高砷烟尘氢氧化钠-硫黄选择性脱砷的适宜工艺条件：氢氧化钠浓度为3.0mol/L、硫黄的用量为0.075g/g、硫黄的粒度小于0.175mm（80目）、液固比为6:1、浸出温度为95℃、浸出时间为2.0h、搅拌速度为400r/min。在此条件下，砷、锑、铅、锡、锌、铜和铁的平均浸出率为99.27%、1.83%、0.20%、49.77%、0.15%、0.24%和0.15%，浸出渣中砷的含量在0.1%以下，实现了砷的选择性脱除。

采用中心复合设计响应曲面法对选择性浸砷过程进行了优化研究，建立了二阶多项式拟合模型，绘制了砷、锑、锌浸出率的等值线叠加图，确定了$Y_{As} \geqslant 99\%$、$Y_{Sb} \leqslant 2\%$和$Y_{Zn} \leqslant 0.5\%$的优化目标参数区域，验证实验结果与理论预测值比较吻合。

选择性浸砷过程的浸出行为不符合经典的收缩未反应核模型，但是可以使用多相液固区域反应动力学模型进行拟合，砷浸出反应的表观活化能为7.62kJ/mol，为固膜内扩散控制过程，推测该固膜是由高砷烟尘中未反应的硫化铅和浸出反应产物硫化铅、硫化锌、水合锑酸钠组成。对高砷烟尘氢氧化钠-硫黄选择性脱砷过程硫黄的转化行为进行了研究。

高砷烟尘循环浸出过程中砷的浸出率保持在99%以上，锑和锡的浸出率分别维持在2%和10%左右，铅、锌、铜和铁的浸出率接近于零。循环浸出过程中锡的积累对砷的浸出没有影响，当浸出液中锡的浓度累积到25g/L时，高砷烟尘中砷的浸出率依然可以达到99%以上，结晶后液中的锡可以通过锡酸钠结晶或者锡酸钙沉淀的形式从结晶后液中脱除。

在高砷烟尘氢氧化钠-硫黄浸出过程中，硫黄既是氧化剂又是硫化剂，硫黄将浸出液中的亚锑酸钠氧化为难溶的水合锑酸钠，同时硫黄歧化产生的硫化钠将进入浸出液中的铅和锌沉淀为硫化铅和硫化锌，将锑、铅和锌抑制在浸出渣；在浸出液双氧水氧化结晶过程中，溶液中的硫化钠基本上都被氧化为硫代硫酸钠，同时有少量硫代硫酸钠被氧化为硫酸钠。

（4）系统研究了碱浸液中砷的回收以及制备三氧化二砷的工艺过程。基于不同价态砷在氢氧化钠溶液中溶解度的差异，采用“氧化—冷却结晶”工艺从碱浸液回收砷酸钠。优化的工艺条件为：氧化温度为50℃，氧化终点电位为-180mV，结晶温度为30℃，结晶时间为2h，搅拌速度为200r/min。在最佳条件下，砷的结晶率为91.30%。结晶母液则返回高砷烟尘的选择性浸砷，既充分利用了结晶母液中的游离碱，又避免了含砷废水的产生及处理，实现了溶液闭路循环。

以砷酸钠结晶为原料，采用“石灰沉淀—硫酸浸出—亚硫酸还原—蒸发结晶—重结晶”工艺制备了三氧化二砷产品，开展了砷酸钠溶液制备、石灰沉淀脱钠制备砷酸钙、砷酸钙硫酸浸出制备砷酸、亚硫酸还原制备亚砷酸、亚砷酸蒸发浓缩冷却结晶等研究，经重结晶纯化后，三氧化二砷产品中 As_2O_3 的含量达到99.67%。

基于水溶液中砷酸根离子存在形态及分布与溶液 pH 值的关系特点，采用"稀硫酸溶解砷酸钠—冷冻结晶脱除硫酸钠—SO_2还原结晶—重结晶"新工艺实现了高效、短流程制备三氧化二砷。在优化工艺条件下，重结晶产品外形规整、分散性好，为纯净的单一物相、晶型完整的 As_2O_3，产品中 As_2O_3 的含量为99.63%，且杂质含量都比较低，产品的质量达到了有色金属行业标准（YS/T 99—1997）中 As_2O_3-1 标准。

（5）系统研究了高砷烟尘碱浸渣中锑和铟的回收。采用"硫化钠浸出—空气氧化"工艺回收高砷烟尘碱浸渣中的锑并制备焦锑酸钠。硫化钠浸锑的最佳工艺条件：硫化钠浓度为60g/L、浸出温度为90℃、液固比为6、氢氧化钠浓度为10g/L、浸出时间为60min、搅拌速度为400r/min。在此条件下，锑的浸出率为93.03%，浸出渣中锑的含量为1.18%，实现了锑的高效选择性浸出。锑浸出液空气氧化沉锑的最佳工艺条件：空气流量为1.5L/min、反应时间为9h、反应温度为60℃、搅拌速度为300r/min。在此条件下，沉淀后液中锑浓度为0.18g/L，锑沉淀率为98.51%。精制后得到的产品为纯净的单一物相、晶型完整的 $NaSb(OH)_6$，精制后的焦锑酸钠粉末为单分散、外形规整的颗粒，产品的粒度小于50μm。

硫化钠浸出过程动力学研究表明，锑的浸出受温度的影响比较大，当浸出温度在298～323K之间时，锑的浸出符合经典的收缩未反应核模型，表观活化能为81.69kJ/mol，当浸出温度在348～368K之间时，锑的浸出可以使用多相液固区域反应动力学模型进行拟合，表观活化能为52.29kJ/mol，锑的浸出都属于化学反应控制。

采用硫酸浸出工艺处理硫化钠浸出渣回收浸出渣中的铟。在硫酸浓度为1.0mol/L、浸出温度为50℃、浸出时间为1h和液固比为8:1的条件下，铟的浸出率为69.38%，浸出渣中的铅主要还是以 PbS 的形式存在。

7.2 展望

本书针对脆硫铅锑矿火法冶炼过程中产出的高砷烟尘，开展了相关适应性研究，为高砷烟尘的处理提供了有价值的指导，由于实验条件及时间的限制，还有许多工作有待进一步开展和完善：

（1）开展高铟渣中铟的强化浸出，寻找合适的添加剂，在不破坏高铟渣中 PbS 物相的基础上提高铟的浸出率。

（2）开展工业化试验研究，进一步优化和改进工业化生产过程中工艺条件的优化和设备选型的问题，为高砷烟尘的工业化处理提供可靠依据。

参考文献

[1] 曹庭礼，郭炳南．无机化学丛书．第四卷　砷分族［M］．北京：科学出版社，1998：379～390.

[2] 肖细元，陈同斌，廖晓勇．中国主要含砷矿产资源的区域分布与砷污染问题［J］．地理研究，2008，27（1）：201～212.

[3] 曹金珍．国外木材防腐技术和研究现状［J］．林业科学，2006，42（7）：120～126.

[4] 金重为，施振华．木材防护工业的技术进步和面临的问题［C］//亚洲民族建筑保护与发展学术研讨会论文集．成都：亚洲民族建筑保护与发展学术研讨会，2004：240～250.

[5] 石贤斗．无砷澄清剂在中碱玻纤中的应用［J］．玻璃纤维，2007，30（1）：23～25.

[6] 刘瑞广，高麒麟，刘晓明．含有机砷废物无害化处理方法［J］．辽宁师范大学学报（自然科学版），2010，33（2）：216～218.

[7] 潜伟，孙淑云，韩汝扮．古代砷铜研究综述［J］．文物保护与考古科学，2000，12（2）：43～50.

[8] 彭容秋．砷及其用途［J］．金属世界，1994，（1）：9～10.

[9] 林梅，王子妤，张东生．含砷纳米中药的研究进展［J］．江苏中医药，2005，26（11）：73～76.

[10] 王占国．半导体光电信息功能材料的研究进展［J］．功能材料信息，2010，7（3）：8～16.

[11] 郑华．砷及其化合物与人体健康［J］．漯河职业技术学院学报，2007，6（2）：8～9.

[12] 刘秉志，郑晓玉．砷与人体健康［J］．内蒙古民族大学学报，2007，22（4）：436～438.

[13] 何启贤．铅锑冶金生产技术［M］．北京：冶金工业出版社，2005：25～36.

[14] 赵天从．锑冶金［M］．北京：冶金工业出版社，1987：7～12，461～468.

[15] 赵天从．有色金属提取冶炼手册：锡锑汞卷[M]．北京：冶金工业出版社，1992：155～160.

[16] 王淑玲．锑资源形势分析［J］．中国有色金属，2009（24）：64～65.

[17] Li N，Xia Y，Mao Z W，et al. Influence of antimony oxide on flammability of polypropylene/intumescent flame retardant system［J］. Polymer Degradation and Stability，2012，97（9）：1737～1744.

[18] Klein J，Dorge S，Trouve G，et al. Behaviour of antimony during thermal treatment of Sb-rich halogenated waste［J］. Journal of Hazardous Materials，2009，166（2）：585～593.

[19] Pavlov D，Petkova G，Dimitrov M，et al. Influence of fast charge on the life cycle of positive lead-acid battery plates［J］. Journal of Power Sources，2000，87（2）：39～56.

[20] Horrocks A R，Kandola B K，Davies P J，et al. Developments in flame retardant textiles-areview［J］. Polymer Degradation and Stability，2005，88（1）：3～12.

[21] 罗跃中，李忠英．铟废渣中铟的回收［J］．广州化工，2007，35（3）：47～49.

[22] 李晓峰，毛景文．铟矿床研究现状及其展望［J］．矿床地质，2007，26（4）：475～480.

[23] 稀有金属手册编委会．稀有金属手册［M］．北京：冶金工业出版社，1995：38～45.

[24] 王顺昌，齐守智．铟的资源、应用和市场［J］．世界有色金属，2000（12）：22～24.

[25] 赵武壮．我国铟产业的发展值得关注［J］．世界有色金属，2007（7）：6～7.

[26] 何焕全，黄小坷，伍祥武．铟产业发展及对策［J］．中国有色金属，2007（10）：44～45.

[27] 黄小柯．广西铟工业发展浅论［J］．有色金属，2003（1）：140～145.

[28] 袁海滨．高砷烟尘火法提取白砷实验及热力学研究［J］．云南冶金，2011，40（6）：27～34.

[29] 姜涛，黄艳芳，张元波，等．含砷铁精矿球团预氧化—弱还原焙烧过程中砷的挥发行为［J］．中南大学学报（自然科学版），2010，41（1）：1～7.

[30] 张淑会，吕庆，胡晓．含砷铁矿石脱砷过程的热力学［J］．中国有色金属学报，2011，21（7）：1705～1712.

[31] 陈世民，程东凯，李裕后，等．高砷次氧化锌综合回收试验研究［J］．有色矿冶，2001，17（5）：29～32.

[32] 付一鸣，姜澜，王德全．铜转炉烟灰焙烧脱砷的研究［J］．有色金属（冶炼部分），2000（12）：14～16.

[33] 魏昶，姜琪，罗天骄，等．重有色金属冶炼中砷的脱除与回收［J］．有色金属，2003（15）：46～50.

[34] 田文增，陈白珍，仇勇海．有色冶金工业含砷物料的处理及利用现状［J］．湖南有色金属，2004，20（6）：11～15.

[35] 梁勇，李亮星，廖春发，等．铜闪速炉烟灰焙烧脱砷研究［J］．有色金属（冶炼部分），2011（1）：9～11.

[36] 吴俊升，陆跃华，周杨雾，等．高砷铅阳极泥水蒸气焙烧脱砷实验研究［J］．贵金属，2003，24（4）：26～31.

[37] 鲁甘诺夫 B A，萨仁 E H，郭炳昆．氧化—硫化焙烧法处理高砷矿物原料的研究［J］．中南工业大学学报，1998，29（3）：249～251.

[38] 陈枫，王玉仁，戴永年．真空蒸馏砷铁渣提取元素砷［J］．昆明工学院学报，1989，14（3）：37～47.

[39] 胡斌，姚金江，王智友，等．含砷烟灰脱砷现状［J］．湖南有色金属，2013，29（5）：41～44.

[40] 刘树根，田学达．含砷固体废物的处理现状与展望［J］．湿法冶金，2005，24（4）：183～186.

[41] 周晓源，郑子恩，李有刚．朝鲜平北冶炼厂湿法提砷工艺设计［J］．有色金属，2003，55（3）：62～64.

[42] Sullivan C，Tyrer M. Disposal of water treatment wastes containing arsenic-A review［J］. Science of the Total Environment，2010，408：1770～1778.

[43] 洪育民．贵溪冶炼厂闪速炉电收尘烟灰除砷及综合利用研究［J］．湿法冶金，2003，22（4）：208～211.

[44] Peng Y L，Zheng Y J，Zhou W K，et al. Separation and recovery of Cu and As during purification of copper electrolyte［J］. Transaction of Nonferrous Metals Society of China，2012，22：2268～2273.

[45] Li Y H, Liu Z H, Li Q H, et al. Removal of arsenic from arsenate complex contained in secondary zinc oxide [J]. Hydrometallurgy, 2011, 109: 237~244.

[46] Sullivan C, Tyrer M, Christopher R, et al. Disposal of water treatment wastes containing arsenic—A review [J]. Science of the Total Environment, 2010, 40 (8): 1770~1778.

[47] Mohan D, Pittman C. Arsenic removal from water/wastewater using adsorbents: A critical review [J]. Journal of Hazardous Materials, 2007, 142 (1/2): 1~53.

[48] Mohan D, Pittman C U. Arsenic removal from water/wastewater using adsorbents: A critical review [J]. Journal of Hazardous Materials, 2007, 142 (1/2): 1~53.

[49] 郑雅杰，张胜华，龚昶．含砷污酸资源化回收铜和砷的新工艺［J］．中国有色金属学报，2013，23（10）：2985~2992.

[50] 戴学瑜．从含砷物料中湿法提取优质 As_2O_3 的设计与生产［J］．稀有金属与硬质合金，2000（2）：34~37.

[51] 覃用宁，黎光旺，何辉．含砷烟尘湿法提取白砷新工艺［J］．有色冶炼，2003（3）：37~40.

[52] 柏宏明．砷烟尘脱砷及含砷残渣的无污染处理［J］．云南冶金，1999，28（6）：25~28.

[53] 蒋学先，何贵香，李旭光，等．高砷烟尘脱砷试验研究［J］．湿法冶金，2010（3）：199~202.

[54] 汤海波，秦庆伟，郭勇，等．高砷烟尘酸性氧化浸出砷和锌的试验研究［J］．武汉科技大学学报，2014（5）：341~344.

[55] 徐养良，黎英，丁昆，等．艾萨炉高砷烟尘综合利用新工艺［J］．中国有色冶金，2005（5）：25~27.

[56] 陈维平，李仲英，边可君，等．湿式提取砷法在处理工业废水及废渣中的应用［J］．中国环境科学，1999，19（4）：310~312.

[57] 张荣良，丘克强，谢永金，等．铜冶炼闪速炉烟尘氧化浸出与中和脱砷［J］．中南大学学报（自然科学版），2006（1）：73~78.

[58] 郭学益，李平，黄凯，等．从砷化镓工业废料中回收镓和砷的方法．中国：CN200510031531.8［P］．2005-11-09.

[59] 李岚，蒋开喜，刘大星，等．加压氧化浸出处理硫化砷渣［J］．矿冶，1998，7（4）：46~50.

[60] 郑雅杰，刘万宇，白猛，等．采用硫化砷渣制备三氧化二砷工艺［J］．中南大学学报（自然科学版），2008，39（6）：1157~1163.

[61] 刘湛，成应向，曾晓冬．采用氢氧化钠溶液循环浸出法脱除高砷阳极泥中的砷［J］．化工环保，2008，2：141~144.

[62] Li Y, Liu Z, Li Q, et al. Removal of arsenic from Waelz zinc oxide using a mixed NaOH-Na_2S leach [J]. Hydrometallurgy, 2011, 108: 165~170.

[63] Tongamp W, Takasaki Y, Shibayama A. Arsenic removal from copper ores and concentrates through alkaline leaching in NaHS media [J]. Hydrometallurgy, 2009 (3~4): 213~218.

[64] Tongamp W, Takasaki Y, Shibayama A. Selective leaching of arsenic from enargite in NaHS-NaOH media [J]. Hydrometallurgy, 2010, 101: 64~68.

[65] 张子岩，刘建华，万林生，等．用氢氧化钠浸出含钴高砷铁渣中砷的试验研究［J］．湿法冶金，2005，24（2）：105～107.
[66] 易宇，石靖，田庆华，等．高砷烟尘氢氧化钠-硫化钠碱性浸出脱砷［J］．中国有色金属学报，2015，25（3）：241～249.
[67] 孟文杰，施孟华，李倩，等．硫化砷渣湿法制取三氧化二砷的处理技术现状［J］．贵州化工，2008，33（5）：806～814.
[68] 谢永金．谈谈贵溪冶炼厂三氧化二砷生产工艺［J］．江西有色金属，2003，8（1）：30～34.
[69] 罗良华．从硫化砷渣中回收砷、铜、硫［J］．环境保护，1996（9）：43～45.
[70] 欧阳辉．贵溪冶炼厂亚砷酸工艺综述［J］．有色金属（冶炼部分），1999（4）：10～12.
[71] 董四禄．湿法处理硫化砷渣研究［J］．硫酸工业，1994，5：3～8.
[72] 水志良，靳珍，黄卫东．砷滤饼综合利用方法．中国：CN85104205［P］.1985-5-28.
[73] 杨天足，王安，刘伟锋，等．控制电位氧化法铅阳极泥脱砷［J］．中南大学学报（自然科学版），2012（7）：2482～2488.
[74] Chen Y，Liao T，Li G，et al. Recovery of bismuth and arsenic from copper smelter flue dusts after copper and zinc extraction［J］. Minerals Engineering，2012（12）：23～28.
[75] 王玉棉，黄雁，周兴，等．黑铜泥综合回收工艺研究［J］．兰州理工大学学报，2012（1）：12～15.
[76] 周红华．高砷锑烟灰综合回收工艺研究［J］．湖南有色金属，2005（1）：21～22.
[77] 肖若珀，赵士钧，张健．从高砷烟尘中湿法提取优质白砷［J］．有色冶炼，1989（4）：21～24.
[78] 张雷．铜冶炼过程中高砷烟尘的湿法处理工艺［J］．四川有色金属，2002（4）：21～23.
[79] 金哲男，蒋开喜．处理炼锑砷碱渣的新工艺［J］．有色金属（冶炼部分），1999（5）：11～14.
[80] 王玉棉，周兴，黄雁，等．黑铜泥酸性浸出及铜砷分离研究［J］．兰州理工大学学报，2011（6）：19～22.
[81] 李鹏，唐谟堂．由含砷烟灰直接制取砷酸铜［J］．中国有色金属学报，1997（1）：37～39.
[82] 唐谟堂，李鹏，何静，等．CR 法处理铜转炉烟灰制取砷酸铜［J］．中国有色冶金，2009（6）：55～59.
[83] 陈白珍，唐仁衡，龚竹青，等．砷酸铜制备工艺过程热力学分析［J］．中国有色金属学报，2001（3）：510～513.
[84] 李倩，陈小芳．用含硫化砷废渣制备砷酸铜［J］．化工环保，2014，34（3）：272～275.
[85] 曾平生，戴孟良．次氧化锌脱砷新工艺研究［J］．有色金属（冶炼部分），2008，3：16～18.
[86] 沈阳冶炼厂一车间．从铜、铅阳极泥熔炼烟灰中回收砷酸钠［J］．有色金属，1977（9）：65～66.
[87] 朱昌洛，寇建军．砷冰铜常压脱砷新工艺［J］．有色金属（冶炼部分），2002（1）：

15 ~ 17.

[88] 吴继梅．高砷铅阳极泥预处理工艺研究 [J]．有色冶炼，1999，28 (3)：24 ~ 25.

[89] 吴国元．高砷物料的 NaOH 焙烧脱砷工艺 [J]．中国有色金属学报，1998，8 (2)：451 ~ 453.

[90] 张荣良，史宝良，史爱波，等．从含锑烟灰中湿法提取立方晶型三氧化二锑 [J]．有色金属 (冶炼部分)，2011，5：12 ~ 15.

[91] 张元福，陈家蓉，樊远鉴．辉锑矿的电氯化浸出及其产物处理 [J]．有色金属 (冶炼部分)，1991 (6)：24 ~ 27.

[92] Yang J G, Tang C B, Yang S H, et al. The separation and electrowinning of bismuth from a bismuth glance concentrate using a membrane cell [J]. Hydrometallurgy, 2009, 100 (1 ~ 2): 5 ~ 11.

[93] Besse F, Boulanger C, Bolle B, et al. Influence of electrochemical deposition conditions on the texture of bismuth antimony alloys [J]. Scripta Materialia, 2006, 54: 1111 ~ 1115.

[94] 唐朝波．铅、锑还原造锍熔炼新方法研究 [D]．长沙：中南大学，2003.

[95] 戴伟明．中低度硫化锑矿平炉挥发焙烧生产实践 [J]．有色金属 (冶炼部分)，1995 (4)：12 ~ 15.

[96] 陈永明，黄潮，唐谟堂，等．硫化锑精矿还原造锍熔炼一步炼锑 [J]．中国有色金属学报，2005，15 (8)：1311 ~ 1316.

[97] 赵天从，汪键．有色金属提取冶金手册：锡锑汞卷 [M]．北京：冶金工业出版社，1999：258 ~ 361.

[98] 唐谟堂，金贵忠．高铜锑精矿鼓风炉挥发造锍熔炼的工业试验 [J]．中国有色金属，2007 (3)：34 ~ 36.

[99] 刘共元，刘勇．鼓风炉挥发熔炼锑金精矿工艺探讨 [J]．有色金属 (冶炼部分)，2003 (3)：35 ~ 37.

[100] 金贵忠．浅谈鼓风炉炼锑技术存在的问题 [J]．有色冶炼，2002 (6)：76 ~ 77.

[101] 王成彦，邱定蕃，江培海．国内锑冶金技术现状及进展 [J]．有色金属，2002 (5)：6 ~ 10.

[102] Norbert L P, Albert E M. Discussion about arsenic subjects in the nonferrous metallurgy [J]. Productivity and Technology in the Metallurgical Industries, 1989 (65): 735 ~ 824.

[103] Hopkin W. The problem of arsenic disposal in nonferrous metals production [J]. Environmental Geochemistry and Health, 1993, 11 (4): 101 ~ 112.

[104] 段学臣．高砷锑烟尘中砷锑的回收 [J]．中南矿冶学院学报，1991 (4)：149 ~ 153.

[105] 杨学林，丘克强，张露露，等．利用高锑铅阳极泥制备三氧化二锑的工艺研究 [J]．现代化工，2004，24 (2)：44 ~ 46.

[106] 丘克强，杨学林，张露露．高锑铅阳极泥处理新工艺试验研究 [J]．黄金，2003，24 (11)：37 ~ 39.

[107] 杨学林．高锑铅阳极泥处理新工艺 [D]．长沙：中南大学，2004.

[108] 张露露，杨学林，丘克强．高锑铅阳极泥真空还原除锑研究 [J]．化工进展，2004，23 (8)：869 ~ 873.

[109] 胡汉祥，何晓梅，谢华林．从铅阳极泥中制备纳米三氧化二锑粉体的研究［J］．武汉理工大学学报，2006，28（4）：14～16.

[110] 林艳．粗锑电解精炼的工艺及机理研究［D］．昆明：昆明理工大学，2006.

[111] Tang M T，Zhao T C. A thermodynamic study on the basic and negative potential fields of the system of Sb-S-H_2O and Sb-Na-S-H_2O [J]. Journal of Central South Institute of Mining and Metallurgy，1988，19（1）：35～43.

[112] 湖南冶金研究所．锑的高压氢还原试验［J］．有色金属，1974（6）：62～67.

[113] Chazov V N. Selection of a reducing agent in the hydrometallurgy of antimony [J]. Tsvetn Metally，1972，54（4）：82～89.

[114] Hong C. Cementation of antimony by iron in hydrochloric acid solution [J]. Taehan Kumsok Hakhoe Chi，1983，21（1）：29～35.

[115] 唐谟堂，赵天从，乐颂光．广西大厂脆硫锑铅矿精矿新处理工艺及其基础理论的研究［J］．中南矿冶学院学报，1982，34（4）：18～26.

[116] 唐谟堂．氯化—干馏法的研究——理论基础及实际应用［D］．长沙：中南工业大学，1986.

[117] 唐谟堂，唐朝波，杨声海，等．用AC法处理高锑低银类铅阳极泥——氯化浸出和干馏的扩大试验［J］．中南工业大学学报，2002，33（4）：360～363.

[118] 鲁君乐，唐谟堂，贺青蒲，等．新氯化—水解法处理铅阳极泥［J］．有色金属（冶炼部分），1992（3）：21～23.

[119] 唐谟堂．新氯化—水解法的原理及工艺［J］．中南工业大学学报，1993，23（4）：411～416.

[120] 唐谟堂，鲁君乐，晏德生，等．新氯化—水解法处理大厂脆硫锑铅矿精矿［J］．有色金属（冶炼部分），1991，（5）：20～22.

[121] 唐谟堂，王玲．中和水解法处理脆硫锑铅精矿浸出液新工艺［J］．中南工业大学学报，1997，28（3）：226～228.

[122] Tang M T，Zhao T C，Lu J L，et al. Principle of chloration-hydrolization process and its application [J]. Journal of Central South Institute of Mining and Metallurgy，1992（4）：405～411.

[123] 柳巧越，孙文粹，李承鹏，等．$FeCl_3$溶液浸取辉锑矿工艺过程的研究［J］．华东化工学院学报，1991，17（3）：254～257.

[124] Iyer R K，Deshapande S G. Preparation of high-purity antimony by electrodeposition [J]. Journal of Applied Electrochemistry，1987（17）：936～940.

[125] Neiva-Correia M J，Carvalho J R，Monhemius A J. The leaching of tetrahedrite in ferric chloride solutions [J]. Hydrometallurgy，2000（57）：167～179.

[126] Chen J Z，Cao H Z，Li B，et al. Thermodynamic analysis of separating lead and antimony in chioride system [J]. Transactions of Nonferrous Metals Society of China，2009（19）：730～734.

[127] 聂晓军，陈庆邦，刘如意．高锑低银铅阳极泥湿法提银及综合回收的研究［J］．广东工学院学报，1996，13（4）：51～57.

[128] 陈顺．从高砷高锑烟灰中综合回收有价金属工艺研究［J］．株冶科技，2002，30（1）：5～7.

[129] 王树措．铟冶金［M］．北京：冶金工业出版社，2006：150～152.

[130] 姚根寿．浅谈烟灰综合利用中铟的回收［J］．有色冶炼，1994，23（4）：52～56.

[131] 邓孟俐，谢冰．锌冶炼工艺过程中铟、锗的综合回收［J］．稀有金属与硬质合金，2007，35（2）：21～24.

[132] 刘家祥，甘勇，张艳．利用 ITO 废靶材回收金属铟［J］．稀有金属，2004，28（5）：947～950.

[133] 屠海令，赵国权，郭青蔚．有色金属冶金、材料、再生与环保［M］．化学工业出版社，2003：152～159.

[134] Zhang X Y，Yin G Y，Hu Z G. Extraction and separation of gallium，indium and thallium with several carboxylic acids from chloride media［J］. Talanta，2003（59）：905～912.

[135] Chou W L，Yang K C. Effect of various chelating agents on supercritical carbon dioxide extraction of indium（Ⅲ）ions from acidic aqueous solution［J］. Journal of Hazardous Materials，2008（154）：495～505.

[136] Bina G P，Akash D，Poonma M. Liquid- liquid extraction and recover of indium using Cyanex923［J］. Analytica Chimica Acta，2004（513）：463～471.

[137] Li S Q，Tang M T，He J. Extraction of indium from indium-zinc concentrates［J］. Transactions of Nonferrous Metals Society of China，2006（16）：1448～1454.

[138] Liu J S，Chen H，Chen X Y，et al. Extraction and separation of In（Ⅲ），Ga(Ⅲ) and Zn（Ⅱ）from sulfate solution using extraction resin［J］. Hydrometallurgy，2006（82）：137～143.

[139] Fortes M C B，Benedetto J S. Technical note separation of indium and iron by solvent extraction［J］. Minerals Engineering，1998，11（5）：447～452.

[140] Alguaeil F J. Solvent extraction of indium（Ⅲ）by Lix 973N［J］. Hydrometallurgy，1999（51）：97～102.

[141] 俞小花，谢刚．有色冶金过程中铟的回收［J］．有色金属（冶炼部分），2006（1）：37～39.

[142] 伍赠玲．铟的资源、应用与分离回收技术研究进展［J］．铜业工程，2011，107（1）：25～30.

[143] 杨岳云．从铅浮渣反射炉烟灰中回收铟生产实践［J］．湖南有色金属，2006（8）：15～18.

[144] 王辉．从铅浮渣反射炉烟尘提取铟的试验研究［J］．稀有金属，2007，31（81）：32～38.

[145] 梁艳辉，魏昶，樊刚．从硫化铟精矿中加压酸浸回收铟锌的技术研究［J］．山西冶金，2005（6）：8～11.

[146] 闫书阳，谢刚，于占良，等．复杂多金属高铟高铁闪锌矿的氧压酸浸［J］．稀有金属，2015（6）：56～64.

[147] 韦岩松，吴志鸿，张燕娟．含铟锌渣氧粉加压氧化浸铟的工艺研究［J］．金属矿山，

2009，401（11）：73～75.

[148] 姚昌洪，车文婷．对某厂铅锑烟灰提铟的研究［J］．湖南有色金属，1996，12（2）：58～62.

[149] 王少雄．从 Pb-Sb 烟灰中回收铟实践［J］．湖南有色金属，2000，16（5）：20～22.

[150] 黎弦海，刘伟涛，潘柳萍．机械活化强化从锑渣氧粉中回收铟锑的工艺研究［J］．金属矿山，2004（8）：489～492.

[151] 蒋新宇，周春山．提高某厂铅烟灰铟浸出率的研究［J］．稀有金属与硬质合金，2001（9）：17～19.

[152] 魏文武．铟二次渣综合回收铟铜试验研究［J］．湖南有色金属，2008（10）：13～16.

[153] 文岳中，刘又年，舒万良．固体酸化焙烧—水浸提铟的研究［J］．稀有金属，1999（5）：227～229.

[154] 冯同春，杨斌，刘大春，等．铟的生产技术进展及产业现状［J］．冶金丛刊，2007（2）：42～46.

[155] 滕英才，马集成．两矿加浓硫酸熟化法生产硫酸锰［J］．化工技术与开发，2006，35（2）：1～2.

[156] 罗星，张泽彪，彭金辉，等．拌酸熟化法从含锗渣中浸出锗的研究［J］．稀有金属，2012，36（2）：311～315.

[157] 朱为民．从铅碱性精炼钠浮渣中湿法回收铟的工艺研究［J］．地质试验室，1999（2）：53～56.

[158] 吴江华，宁顺明，佘宗华，等．氧化锌烟尘中铟的高效浸出新工艺研究［J］．金属材料与冶金工程，2014，42（1）：18～23.

[159] 刘大春，杨斌，戴永年．从富铟渣提取金属铟的研究［J］．稀有金属，2005（8）：574～577.

[160] 王辉．从铅浮渣反射炉烟尘提取铟的生产实践［J］．金属材料与冶金工程，2007（9）：22～29.

[161] 郑顺德．从电炉底铅中回收铟和锗［J］．有色金属（冶炼部分），1997（3）：12～16.

[162] 丁世军．铝铁锌干馏渣烟化富集铟最佳工艺参数的选择［J］．中国有色冶金，2004（2）：30～33.

[163] 丁世军，贾乙东．铝铁锌渣提取金属铟新工艺研究［J］．有色矿冶，2004，20（4）：41～44.

[164] 陈雪云．铜鼓风炉烟灰综合回收铟、铅和铜的试验研究［C］//全国“十二五”铅锌冶金技术发展论坛及驰宏公司六十周年大庆学术交流会论文集．云南曲靖，2010：289～294.

[165] 魏梁鸿，周文琴．砷矿资源开发与环境治理［J］．湖南地质，1992，11（3）：259～262.

[166] 齐文启，曹杰山．锑（Sb）的土壤环境背景值研究［J］．土壤通报，1991，22（5）：209～210.

[167] 王迎爽，陈为亮，张殿彬，等．铜浮渣处理方法的研究进展［J］．云南冶金，2012，41（6）：35～38.

[168] 李玲，张国平，刘虹，等．广西大厂多金属矿区河流中 Sb 和 As 的迁移及环境影响 [J]. 环境科学研究，2009，22 (6)：682 ~ 687.

[169] 张印．含砷废渣火法资源化过程污染分析及健康风险评估 [D]. 兰州：兰州大学，2012.

[170] 凌敏，刘起展．砷所致表观遗传改变与致癌作用的研究进展 [J]. 中国地方病学杂质，2012，31 (1)：107 ~ 110.

[171] 冉俊铭，黄世弘，易健宏，等．脆硫铅锑矿冶炼工艺现状及展望 [J]. 湖南省有色金属，2008，24 (2)：35 ~ 37.

[172] 叶绪孙，潘其云．广西南丹大厂锡多金属矿田发现史 [J]. 广西地质，1994，7 (1)：87 ~ 94.

[173] 何启贤．国内脆硫锑铅矿冶炼技术研究进展 [J]. 四川有色金属，2012 (6)：9 ~ 14.

[174] 徐养良，华一新．脆硫铅锑矿铅锑分离新工艺研究 [J]. 中国有色冶金，2005 (10)：44 ~ 46.

[175] 韦万新．脆硫铅锑矿火法流程生产高铅锑合金的实践 [J]. 有色冶炼，1992，21 (2)：42 ~ 46.

[176] 安建刚．脆硫铅锑矿综合回收铜铋实践 [J]. 有色金属（冶炼部分），2005 (5)：26 ~ 28.

[177] 冯树屏．砷的分析化学 [M]. 北京：中国环境科学出版社，1986：178 ~ 180.

[178] 赵由才，张承龙，蒋家超．碱介质湿法冶金技术 [M]. 北京：冶金工业出版社，2009：4 ~ 5.

[179] 易宪武．高温 $As\text{-}H_2O$ 体系电位-pH 图及其离子 G_T^0 和 S_{298}^0 的计算 [J]. 有色金属，1983 (6)：31 ~ 37.

[180] 金哲男，蒋开喜，魏绪军，等．高温 $As\text{-}S\text{-}H_2O$ 系的电位-pH 图 [J]. 矿冶，1999，8 (4)：45 ~ 50.

[181] 刘伟峰．碱性氧化法处理铜/铅阳极泥的研究 [D]. 长沙：中南大学，2011.

[182] 招国栋．碱浸—电解法资源化处理氧化型含锌危险废料研究 [D]. 长沙：中南大学，2011.

[183] Mohammad S S, Davood M, Mehdi O I. Kinetics of sulfuric acid leaching of cadmium from Cd-Ni zinc plant residues [J]. Journal of Hazardous Materials, 2009, 163: 880 ~ 890.

[184] 李玉虎．有色冶金含砷烟尘中砷的脱除与固化 [D]. 长沙：中南大学，2011.

[185] 李洪桂．冶金原理 [M]. 北京：科学出版社，2005：176 ~ 178.

[186] 李倩．富钴和富硒物料湿法处理工艺及理论研究 [D]. 长沙：中南大学，2012.

[187] 黄可龙．无机化学 [M]. 北京：科学出版社，2007：383 ~ 385.

[188] Corby G A. The metallurgy of antimony [J]. Chemie der Erde, 2012, 72 (s4): 3 ~ 8.

[189] 雷霆，朱从杰，张汉平．锑冶金 [M]. 北京：冶金工业出版社，2009：442 ~ 444.

[190] Dean J A. 兰氏化学手册 [M]. 魏俊发，译．北京：科学出版社，2003.

[191] 叶大伦，胡建华．实用无机物热力学数据手册（第 2 版）[M]. 北京：冶金工业出版社，2002.

[192] 林传仙．矿物及有关化合物热力学数据手册 [M]. 北京：科学出版社，1985.

[193] 王树凯．铟冶金 [M]．北京：冶金工业出版社，2007：147～152.

[194] Kyle J H，Breuer P L，Bunney K G，et al. Review of trace toxic elements（Pb，Cd，Hg，As，Sb，Bi，Se，Te）and their deportment in gold processing. Part 1：Mineralogy，aqueous chemistry and toxicity [J]. Hydrometallurgy，2011（107）：91～100.

[195] Şahin M，Erdem M. Cleaning of high lead-bearing zinc leaching residue by recovery of lead with alkaline leaching [J]. Hydrometallurgy，2015（153）：170～178.

[196] Garrett A B，Holmes O，Laube A. The solubility of arsenious oxide in dilute solutions of hydrochloric acid and sodium hydroxide [J]. Journal of the American Chemical Society，1940（62）：2024～2028.

[197] Youcai Z，Stanforth R. Integrated hydrometallurgical process for production of zinc from electric arc furnace dust in alkaline medium [J]. Journal of Hazardous Materials，2000（80）：223～240.

[198] Baláž P，Achimovičová M. Mechano-chemical leaching in hydrometallurgy of complex sulphides [J]. Hydrometallurgy，2006（84）：60～68.

[199] Lewis A E. Review of metal sulphide precipitation [J]. Hydrometallurgy，2010（104）：222～234.

[200] Montagomery D C. Design and analysis of experiments [M]. 6th edition. New York：John Wiley & Sons，Inc.，2007：405～463.

[201] Mohapatra S，Pradhan N，Mohanty S，et al. Recovery of nickel from lateritic nickel ore using apergillus niger and optimization of parameters [J]. Minerals Engineering，2009，22（3）：311～313.

[202] 白建刚，李汉生．三氧化二砷抗肿瘤研究进展 [J]．中国药事，2008，22（12）：1105～1107.

[203] 沈洁，金璋，陈增边．亚砷酸同步联合三维适形放射治疗原发性肝癌临床观察 [J]．临床医学，2008，28（11）：39～40.

[204] 曹南星．三氧化二砷的性质、用途生产及其“三废”处理 [J]．江西冶金，1997，5：105～107.

[205] 赵玉娜，朱国才．白烟灰浸出液砷与锌的分离与回收 [J]．矿冶，2006（4）：84～87.

[206] Ghosh A，Sáez A E，Ela W. Effect of pH competitive anions and NOM on the leaching of arsenic from solid residuals [J]. Science of the Total Environment，2006（363）：45～59.

[207] Curreli L，Garbarino C，Ghiani M，et al. Arsenic leaching from a gold bearing enargite flotation concentrate [J]. Hydrometallurgy，2009（96）：258～263.

[208] Fernhdez M A，Segarra M，Espiell F. Selective leaching of arsenic and antimony contained in the anode slimes from copper refining [J]. Hydrometallurgy，1996（41）：255～267.

[209] Balaz P，Achmovic M，Bastl Z，et al. Influence of mechanical activation on the alkaline leaching of enargite concentrate [J]. Hydrometallurgy，2000（54）：205～216.

[210] 杜新玲．焦锑酸钠生产工艺研究 [J]．湖南有色金属，2008，24（5）：24～26.

[211] 赵天从．锑冶金 [M]．长沙：中南工业大学出版社，1987：358～462.

[212] Yang T Z，Lai Q L，Tang J J，et al. Precipitation of antimony from the solution of sodium thi-

oantimonite by air oxidation in the presence of catalytic agents [J]. Journal of Central South University of Technology, 2002, 9 (2): 107 ~ 111.

[213] 陈进中，杨天足. 高锑低银铅阳极泥控电氯化浸出 [J]. 中南大学学报（自然科学版），2010，41（1）：44 ~ 49.

[214] 郑雅杰，滕浩，白猛. 以高砷精炼铋烟尘为原料制备高纯氯氧化锑 [J]. 中南大学学报（自然科学版），2011，42（6）：1548 ~ 1554.

[215] 陈进中，曹华珍，郑国渠，等. 高锑低银类铅阳极泥制备五氯化锑新工艺 [J]. 中国有色金属学报，2008，18（11）：2094 ~ 2099.

[216] 徐忠敏，叶树峰，庄宇凯. 含锑难处理金精矿加压氧化法制备焦锑酸钠的工艺研究 [J]. 黄金，2013，34（11）：48 ~ 52.

[217] 刘鹊鸣，单桃云，金承永. 氧化锑矿碱法制备锑酸钠工艺探讨 [J]. 湖南有色金属，2014，30（3）：31 ~ 33.

[218] 谢兆凤，杨天足，刘伟锋，等. 脆硫铅锑矿碱性熔炼渣的综合利用工艺研究 [J]. 矿冶工程，2010，30（3）：77 ~ 81.

[219] 王志明，杨天足，王卫东，等. 从锑精矿制备焦锑酸钠的工业试验 [J]. 湖南冶金，2005，33（3）：17 ~ 20.

[220] 郑国渠，黄荣斌，潘勇，等. 含氟三氯化锑溶液中和水解产物的物相 [J]. 中国有色金属学报，2005，15（8）：1278 ~ 1282.

[221] 廖亚龙，刘中华. 辉锑矿氯化浸出制取焦锑酸钠的工艺研究 [J]. 有色金属，2007，59（2）：46 ~ 49.

[222] 郑雅杰，洪波. 漂浮阳极泥富集金银及回收锑铋工艺 [J]. 中南大学学报（自然科学版），2011，42（8）：2221 ~ 2226.

[223] 陈白珍，王中溪，周竹生，等. 二次砷碱渣清洁化生产技术工业试验 [J]. 矿冶工程，2007，27（2）：47 ~ 49.

[224] 杨天足，刘伟锋，赖琼林，等. 空气氧化法生产焦锑酸钠的氧化后液中砷和锑的脱除 [J]. 中南大学学报（自然科学版），2005，36（4）：576 ~ 581.

[225] 杜新玲，杨天足，张杜超. 锑酸钠合成硫代锑酸钠的工艺研究 [J]. 无机盐工业，2008，40（1）：35 ~ 36.